U0304089

数字电路答疑解惑与典型题解

吴 蕾 杨平乐 王诗兵 吴 婷 编 著

北京邮电大学出版社
www.buptpress.com

内 容 简 介

本书深入浅出、系统全面地介绍了最新的各大高校数字电路练习题与考研题。全书共分 10 章,内容包括数字逻辑基础、门电路、组合逻辑电路、触发器、时序逻辑电路、脉冲波形的产生和整形、半导体存储器、可编程逻辑器件(PLD)、数模和模数转换、课程测试及考研真题等。

本书以常见疑惑解答—实践解题—考研真题讲解为主线组织编写,每一章的题型归纳都进行了详细分析评注,以便于帮助读者掌握本章的重点及迅速回忆本章的内容。本书结构清晰、易教易学、实例丰富、学以致用、注重能力,对易混淆和历年考题中较受关注的内容进行了重点提示和讲解。

本书既可以作为复习考研的练习册,也可以作为数字电路学习的参考书,更可作为各类培训班的培训教程。此外,本书也非常适合教师的数字电路教学以及自学人员参考阅读。

图书在版编目(CIP)数据

数字电路答疑解惑与典型题解 / 吴蕾等编著 . -- 北京:北京邮电大学出版社,2015.1
ISBN 978-7-5635-4159-1

Ⅰ. ①数… Ⅱ. ①吴… Ⅲ. ①数字电路—高等学校—教学参考资料 Ⅳ. ①TN79

中国版本图书馆 CIP 数据核字(2014)第 237429 号

书　　　名:	数字电路答疑解惑与典型题解
著作责任者:	吴　蕾 等编著
责 任 编 辑:	满志文
出 版 发 行:	北京邮电大学出版社
社　　　址:	北京市海淀区西土城路 10 号　(邮编:100876)
发 行 部:	电话:010-62282185　传真:010-62283578
E-mail:	*publish@bupt.edu.cn*
经　　　销:	各地新华书店
印　　　刷:	北京源海印刷有限责任公司
开　　　本:	787 mm×1 092 mm　1/16
印　　　张:	14.25
字　　　数:	356 千字
版　　　次:	2015 年 1 月第 1 版　2015 年 1 月第 1 次印刷

ISBN 978-7-5635-4159-1　　　　　　　　　　　　　　　　定　价:38.00 元

· 如有印装质量问题,请与北京邮电大学出版社发行部联系 ·

前　言

为适应高等院校人才的考研需求,本书本着厚基础、重能力、求创新的总体思想,着眼于国家发展和培养造就综合能力人才的需要,着力提高大学生的学习能力、实践能力和创新能力。

1. 关于数字电路

"数字电路"是通信、电子、信息领域中最重要的专业基础课之一,是电子信息系各专业必修的专业基础课。通信技术的发展,特别是近 30 年来形成了数字电路的主要理论体系,即信息论基础、编码理论、调制与解调理论、同步和信道复用等。本课程教学的重点是介绍通信系统中各种通信信号的产生、传输和解调的基本理论和方法,使学生掌握和熟悉通信系统的基本理论和分析方法,为后续课程打下良好的基础。

2. 本书阅读指南

本书针对数字电路知识点中常见的问题进行了讲解,同时分析了近几年的考研题目,并给出了翔实的参考答案,读者可以充分地了解各个学校考研题目的难度,查缺补漏,有针对性地提高自己的水平。本书共分 12 章。

第 1 章是"数字逻辑基础",主要讲解数字信号、数字电路、数制转换、二进制码、逻辑函数概念,基本逻辑运算以及逻辑函数等。

第 2 章是"门电路",主要讲解二极管的开关特性,三极管的开关特性,分立元件基本与、或、非门电路,TTL 电路,OC 门,MOS 逻辑电路分析等。

第 3 章是"组合逻辑电路",主要讲解组合逻辑电路的基本分析方法和设计方法,编码器和译码器,数据选择器,加法器,数值比较器,组合逻辑电路中的竞争—冒险现象等。

第 4 章是"触发器",主要讲解触发器的基本类别和工作原理、结构、特性方程、特性表等。

第 5 章是"时序逻辑电路",主要讲解时序逻辑电路的概念和电路结构特点,同步、异步时序逻辑电路的分析,时序逻辑电路的设计方法等。

第 6 章是"脉冲波形的产生和整形",主要讲解稳态触发器、多谐振荡器、施密特触发器的定义,555 定时器的组成和应用。

第 7 章是"半导体存储器",主要讲解只读存储器、随机存储器的概念和分类,存储容量的扩展方法等。

第 8 章是"可编程逻辑器件(PLD)",主要讲解可编程逻辑器件的概念、表示方法、分类,可编程只读存储器 PROM 和 EPROM,可编程逻辑阵列 PLA 等。

第 9 章是"数模和模数转换",主要讲解 D/A、A/D 转换器的基本原理、主要参数,常用的 D/A、A/D 转换器,A/D、D/A 转换的过程等。

第 10 章是"课程测试及考研真题",提供了两套模拟题,为读者提供一个自我分析解决问题的过程。

3. 本书特色与优点

（1）结构清晰，知识完整。内容翔实、系统性强，依据高校教学大纲组织内容，同时覆盖最新版本的所有知识点，并将实际经验融入基本理论之中。

（2）内容翔实，解答完整。本书涵盖近几年各大高校的大量题目，示例众多，步骤明确，讲解细致，读者不但可以利用题海战术完善自己的弱项，更可以有针对性地了解某些重点院校的近年考研题目及解题思路。

（3）学以致用，注重能力。一些例题后面有与其相联系的知识点详解，使读者在解答问题的同时，对基础理论得到更深刻的理解。

（4）重点突出，实用性强。

4. 本书读者定位

本书既可以作为复习考研的练习册，也可以作为数字电路学习的参考书，更可作为各类培训班的培训教程。此外，本书也非常适于教师的数字电路教学以及自学人员参考阅读。

本书由吴蕾、杨平乐、王诗兵、吴婷主编，全书框架结构由何光明、吴婷拟定。另外，感谢王珊珊、陈莉萍、陈海燕、范荣钢、陈珍、周海霞、陈芳、史春联、许娟、史国川等同志的关心和帮助。

限于作者水平，书中难免存在不当之处，恳请广大读者批评指正。任何批评和建议请发至：bjbaba@263.net。

编　者

目　　录

第 1 章

数字逻辑基础

【基本知识点】数字信号、数字电路、数制转换、二进制码、逻辑函数概念、基本逻辑运算以及逻辑函数与逻辑问题的描述等。

【重点】逻辑代数的基本公式和常用公式、逻辑函数及其化简。

【难点】逻辑函数及其化简。

1.1 答疑解惑

1.1.1 什么是数字信号与数字电路？

数字信号的时间和幅度都是离散的,研究数字信号时注重电路输出、输入件的逻辑关系。

数字电路是用一个离散的电压序列来表示信息,大致包括信号的产生、放大、整形、传送、控制、记忆、计数及运算等内容。在数字电路中,晶体管工作在开关状态下,即工作在饱和状态或截至状态。

1.1.2 什么是数制与数码？

1. 常用数制与其表达方式

常用的数制包括十进制、二进制、八进制和十六进制。其基本特性如表 1.1.1 所示。

表 1.1.1

常用进制	英文表达符号	数码符号	进位规律	进位基数
二进制	B	0、1	逢二进一	2
八进制	O	0、1、2、3、4、5、6、7	逢八进一	8
十进制	D	0、1、2、3、4、5、6、7、8、9	逢十进一	10
十六进制	H	0、1、2、3、4、5、6、7、8、9、A、B、C、D、E、F	逢十六进一	16

2. 数制转换

（1）其他进制—十进制

方法：将其他进制按权位展开，然后各项相加，就得到相应的十进制数。

（2）十进制—其他进制

方法：分整数和小数两部分进行。

整数部分（基数除法）：

把要转换的数除以新的进制的基数，把余数作为新的进制的最低位；

把上一次得到的商再除以新的进制基数，把余数作为新的进制的次低位；

继续上一步，直到最后的商为零，这时的余数就是新的进制的最高位。

小数部分（基数乘法）：

把要转换的小数部分乘以新的进制的基数，把得到的整数部分作为新的进制小数部分的最高位；

把上一次得到的小数部分再乘以新的进制基数，把得到的整数部分作为新的进制的小数部分的次高位；

继续上一步，直到小数部分变为零或达到要求的精度。

（3）二进制与八进制、十六进制的相互转换

方法（二进制—八进制、十六进制）：它们之间满足 2^3 和 2^4 的关系，因此把要转换的二进制从低位到高位每 3 位或 4 位一组，高位不足时在有效位前添"0"，然后把每组二进制转换成八进制或十六进制即可。

方法（八进制、十六进制—二进制）：把每一位按二进制运算规则转换成每 3 位或 4 位移组的数即可。

3. 数码

任何数在不同的进位制中，均以一个数字串的形式表示，通常称为数码。数码不仅可以表示数值，而且还可以表示符号或文字。常见数码有十进制码（包括 BCD 码，8421 码、5421 码、余三码等）、格雷码、ASCII 码等。

1.1.3 什么是逻辑代数与逻辑运算？

逻辑代数（又称布尔代数）是按一定逻辑规律进行运算的代数，它是研究逻辑电路的数学工具，为分析和设计逻辑电路提供了理论基础。通常将逻辑代数分为基本逻辑运算和复合逻辑运算两种。

1. 基本逻辑运算

"与"运算（逻辑乘法）：表示条件同时具备，结果发生。

"或"运算（逻辑加法）：表示条件之一具备，结果发生。

"非"运算：表示条件均不具备，结果发生。

表 1.1.2 以两变量为例对此三种基本逻辑运算进行了描述：

表 1.1.2

逻辑运算	逻辑表达式	逻辑符号	运算结果(真值表表示)		
与运算	$Y=AB$	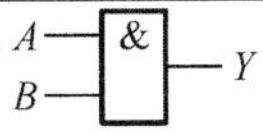 与 	A	B	Y
			0	0	0
			0	1	0
			1	0	0
			1	1	1
或运算	$Y=A+B$	或	A	B	Y
			0	0	0
			0	1	1
			1	0	1
			1	1	1
非运算	$Y=\overline{A}$	非	B	Y	
			0	1	
			1	0	

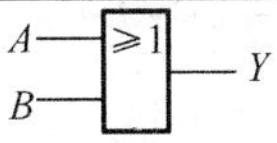

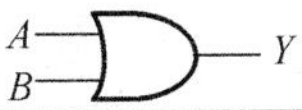

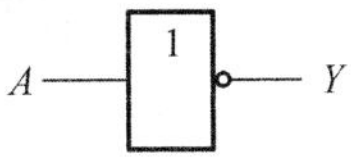

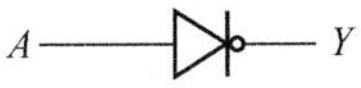

从以上三种基本逻辑运算可以得到以下逻辑运算结果:

$$0 \cdot 0 = 0 \cdot 1 = 1 \cdot 0 = 0 \qquad 1 \cdot 1 = 1$$
$$0 + 1 = 1 + 0 = 1 + 1 = 1 \qquad 0 + 0 = 0$$
$$\overline{1} = 0 \qquad \overline{0} = 1$$

2. 复合逻辑运算

复合逻辑运算为各种基本逻辑运算的组合。常用的复合逻辑运算主要有"与非""或非""与或非""同或""异或"等。

表 1.1.3 对常用的一些复合逻辑运算进行了描述:

表 1.1.3

逻辑运算	逻辑表达式	逻辑符号
与非运算	$Y=\overline{A \cdot B}$	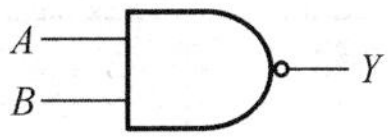 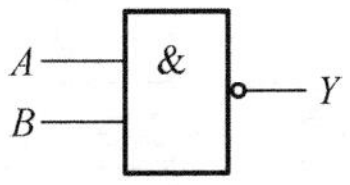 与非
或非运算	$Y=\overline{A+B}$	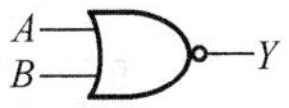 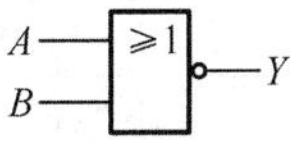 或非

逻辑运算	逻辑表达式	逻辑符号
与或非运算	$Y=\overline{A \cdot B+C \cdot D}$	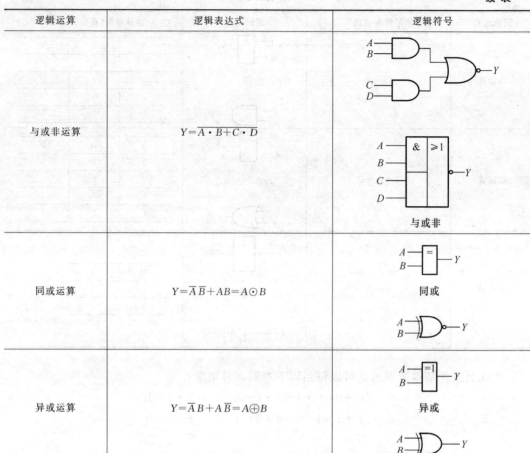
同或运算	$Y=\overline{A}\,\overline{B}+AB=A\odot B$	
异或运算	$Y=\overline{A}B+A\overline{B}=A\oplus B$	

1.1.4　逻辑函数的基本定律和常用公式有哪些？

根据"与""或""非"三种基本逻辑运算,可以推出逻辑函数运算的一些基本定律,如表1.1.4所示。

表1.1.4

定律名称	公　　式		
	加	乘	非
1.基本定律	$A+0=A$	$A \cdot 0=0$	$A+\overline{A}=1$
	$A+1=1$	$A \cdot 1=A$	$A \cdot \overline{A}=0$
	$A+A=A$	$A \cdot A=A$	$\overline{\overline{A}}=A$
	$A+\overline{A}=1$	$A \cdot \overline{A}=0$	
2.交换律	$A+B=B+A$	$A \cdot B=B \cdot A$	
3.结合律	$(A+B)+C=A+(B+C)$	$(AB)C=A(BC)$	
4.分配率	$A(B+C)=AB+AC$	$A+BC=(A+B)(A+C)$	

续表

定律名称	公 式	
5. 吸收律	$A+A \cdot B = A$	$A \cdot (A+B) = A$
	$A + \overline{A} \cdot B = A + B$	$(A+B) \cdot (A+C) = A + BC$
6. 摩根定律	$\overline{AB} = \overline{A} + \overline{B}$	$\overline{A+B} = \overline{A} \cdot \overline{B}$
7. 包含律	$AB + AC + BC = AB + AC$	$(A+B)(A+C)(B+C) = (A+B)(A+C)$有问题

1.1.5 逻辑代数的基本定理有哪些?

1. 代入定理

在任何一个包含 Y 的逻辑等式中,若以另外一个逻辑式代入式中 Y 的位置,则等式依然成立。

2. 对偶定理

(1) 对偶式:在一个逻辑函数式 Y 中,如果进行加乘互换,"0"、"1"互换,得到的新的表达式 Y' 称为 Y 的对偶式。

(2) 对偶定理:如果逻辑函数式 A 和 B 相等,则其对偶式 A' 和 B' 也相等。

3. 反演定理

在一个逻辑函数式 Y 中,如果进行加乘互换,"0"、"1"互换、原反互换,得到原逻辑函数 Y 的反函数 $\overline{Y}$。

应注意,对于多层反号的情况,只对最外层的反号进行变换,最外层反号以下的部分不管。

1.1.6 什么是逻辑函数?

若以逻辑变量为输入,运算结果为输出,则输入变量值确定以后,输出的取值也随之而定。输入/输出之间是一种函数关系。把逻辑变量写成函数的形式就称为逻辑函数。一般可表达为 $Y = F(A, B, C, \cdots)$。

在逻辑函数中,逻辑变量只有0/1两种取值。

1.1.7 逻辑函数有哪些表示?

一个逻辑函数可以有5种不同的表示方法:逻辑函数式、逻辑真值表、逻辑图、波形图和卡诺图。

1. 逻辑函数式

逻辑函数式是将输入、输出之间的逻辑关系用与、或、非基本运算式组合来表示逻辑函数。

2. 逻辑真值表

逻辑真值表是将输入、输出量之间的逻辑关系一一对应,并用表格的形式列出。因为逻辑变量只有0、1两种取值,因此,在真值表中,n 个输入量可有 2^n 个组合。它可直观明了地反映变量取值和函数值的关系,一个确定的逻辑函数只有一个真值表。

3. 逻辑图

逻辑图是用逻辑图形符号(具体各种图形符号可参见上节要点)表示逻辑运算关系,与逻辑电路的实现相对应。逻辑符号与器件有明显的对应关系,便于制成实际电路图。

4. 波形图

波形图将输入变量所有取值可能与对应输出按时间顺序排列起来画成时间波形。它反映了逻辑变量之间随时间变化的规律,与实际电路的电压波形相对应,常用于电路的分析检测和设计测试。

5. 卡诺图

n 变量卡诺图是将 n 个输入变量的全部最小项用方块列阵图表示,并将逻辑相邻的最小项放在相邻的几何位置上。卡诺图上每个方块(最小项)代表一种输入组合,处在相邻、相对、相重位置的小方格所代表的最小项为相邻最小项。

(1) 最小项:对 n 变量函数来说,最小项共有 2^n 个。每个最小项的编号可用 m_k 来表示。将最小项中的原变量用"1"代替,反变量用"0"代替,这个二进制代码对应的十进制码即为 k 的值。如对两变量函数的最小项之一的 $\overline{A}B$ 来说,其二进制代码为"01",所以最小项 $\overline{A}B$ 可用 m_1 来表示。一个 n 变量的逻辑函数,可用最小项之和的形式表达,即

$$Y = \sum_{i=0}^{2^n-1} m_i$$

如逻辑函数 $Y = AB + \overline{A}B = m_3 + m_1 = \sum m(1,3)$。

如果某一个逻辑函数不是以最小项的形式给出,则可以利用互补律 $A + \overline{A} = 1$,使那些非最小项变成最小项,最终使逻辑函数转变成最小项表达式。如逻辑函数 $Y = A + B$ 的最小项表达形式为

$$Y = A(B + \overline{B}) + B(A + \overline{A}) = AB + A\overline{B} + \overline{A}B$$

(2) 最小项具有下列性质:

在输入变量任一取值下,有且仅有一个最小项的值为 1。以两变量为例,如表 1.1.5 所示。

表 1.1.5

A	B	M_3	m_2	m_1	m_0
0	0	0	0	0	1
0	1	0	0	1	0
1	0	0	1	0	0
1	1	1	0	0	0

全体最小项之和为 1,如表 1.1.5 所示,$m_3 + m_2 + m_1 + m_0 = 1$;

任何两个最小项之积为 0,即 $m_i m_j = 0$;

两个相邻的最小项之和可以合并,消去一对因子,只留下公共因子;

若干个最小项之和等于其余最小项和之反,以表 1.1.5 为例:

$$m_0 + m_1 = \overline{m_2 + m_3}$$
$$m_0 = \overline{m_1 + m_2 + m_3}$$

(3) 最大项:对 n 变量函数来说,最大项同样有 2^n 个。每个最大项的编号可用 M_k 来表示,将最小项中的反变量用"0"代替,原变量用"1"代替,这个二进制代码对应的十进制码即

为 k 的值。如对两变量函数的最大项之一的 $\overline{A}B$ 来说，其二进制代码为"10"，所以最小项 $\overline{A}B$ 可用 M_2 来表示。一个 n 变量的逻辑函数，可用最大项之积的形式表达，即

$$Y = \prod_{i=0}^{2^n-1} M_i$$

如逻辑函数 $Y = (A+B+C)(A+B+\overline{C}) = M_0 \cdot M_3 = \prod M(0,3)$。

如果某一个逻辑函数不是以最小项的形式给出，则可以利用分配律 $A+BC=(A+B)(A+C)$，使那些非最大项变成最大项，最终使逻辑函数转变成最小项表达式。如逻辑函数 $Y = A\overline{B}+C$ 的最小项表达形式为

$$Y = (A+C)(\overline{B}+C) = (A+\overline{B}+C)(A+B+C)(\overline{A}+\overline{B}+C)$$

最大项与最小项互反，以两变量逻辑函数为例

$$m_1 = \overline{A}B = \overline{\overline{\overline{A}B}} = \overline{\overline{A}+\overline{B}} = \overline{M_1}$$

$$M_1 = A+\overline{B} = \overline{\overline{A+\overline{B}}} = \overline{\overline{A}B} = \overline{m_1}$$

（4）最大项具有下列性质：

在输入变量任一取值下，有且仅有一个最大项的值为0。以两变量为例，如表1.1.6所示。

表 1.1.6

A	B	M_3	M_2	M_1	M_0
0	0	0	1	1	1
0	1	1	0	1	1
1	0	1	1	1	1
1	1	1	1	1	0

全体最大项之积为 0；

任何两个最大项之和为 1；

只有一个变量不同的最大项的乘积等于各相同变量之和。

（5）约束项、任意项和无关项：

在逻辑函数中，对输入变量取值的限制，在这些取值下为1的最小项称为约束项。

在输入变量某些取值下，函数值为1或为0不影响逻辑电路的功能，在这些取值下为1的最小项称为任意项。

约束项和任意项可以写入函数式，也可不包含在函数式中，因此统称为无关项。

在函数化简中，应合理地利用无关项，加入（或去掉）无关项，使化简后的项数最少，每项因子最少，得到更简单的化简结果。从卡诺图上直观地看，加入无关项的目的是为矩形圈最大，矩形组合数最少。

1.1.8 什么是公式化简法？

公式化简法是反复应用基本公式和常用公式，消去多余的乘积项和多余的因子。使化简过后的逻辑函数包含的乘积项已经最少，每个乘积项的因子也最少。

1.1.9 如何采用卡诺图法进行化简？

卡诺图化简的依据是将具有相邻性的最小项可合并，消去不同因子。其合并的规律为：

2^n 个相邻的最小项可以消去 n 个变量。

化简步骤可分为:①用卡诺图表示逻辑函数;②找出可合并的最小项;③化简后的乘积项相加。最终使化简后的逻辑表达式项数最少,每项因子最少。

卡诺图的化简具有以下原则:

① 化简后的乘积项应包含函数式的所有最小项,即覆盖卡诺图中所有的1;

② 乘积项的数目最少,即圈成的矩形最少;

③ 每个乘积项因子最少,即圈成的矩形最大。

在卡诺图中,相邻的性质是:①具有公共边;②对折重合;③循环相邻。

在用卡诺图化简具有约束项的逻辑函数时,可以假设这些最小项不会被输入,所以在合并时可以根据化简的需要,可以任意设定这些约束项的值为"0"或"1",从而使函数更简单。

通常在表达式中用 $\sum d$ 表示约束项之和,而在卡诺图中用"φ"或"×"表示约束项。

在用卡诺图化简具有约束项的逻辑函数时,具有以下原则:

① 画出函数 Y 的卡诺图,将最小项和约束项填入图中相应的位置;

② 合并相邻的最小项,根据约束值可以是"0"也可以是"1",尽量将矩形圈得大,圈得少,将矩形圈内的约束项当作"1"处理,矩形圈之外的约束项当作"0"处理。

1.2 典型题解

题型 1 数字逻辑的基础知识

【例 1.1.1】 将下列二进制转换为等值的十进制和等值的十六进制:

(1) $(101101)_2$ (2) $(0.1001)_2$ (3) $(1001.01)_2$

答:本题答案为

(1) $(101101)_2 = 1×2^5 + 0×2^4 + 1×2^3 + 1×2^2 + 0×2^1 + 1×2^0 = (45)_{10}$

根据二进制中的4位关系转化为十六进制1位,得

$(101101)_2 = (0010 \quad 1101)_2$

$$= (\quad 2 \qquad D)_{16}$$

(2) $(0.1001)_2 = 0×2^0 + 1×2^{-1} + 0×2^{-2} + 0×2^{-3} + 1×2^{-4} = (0.5625)_{10}$

$(0.1001)_2 = (0000 . 1001)_2$

$$= (\quad 0 . 9)_{16}$$

(3) $(1001.01)_2 = 1×2^3 + 0×2^2 + 0×2^1 + 1×2^0 + 0×2^{-1} + 1×2^{-2} = (9.25)_{10}$

$(1001.01)_2 = (1001 . 0100)_2$

$$= (\quad 9 . 4)_{16}$$

【例 1.1.2】 将下列十进制转换为等值的二进制和等值的八进制,要求二进制数保留小数点以后4位有效数字:

(1) $(25)_{10}$ (2) $(0.15)_{10}$ (3) $(11.03)_{10}$

答:在使用基数乘、除法进行数制转换时必须注意:整数部分基数除法,第一次得出的余数是转换所得等值数的最低位,最后得出的余数才是最高位;小数部分基数乘法所取的位数由转换要求决定。

本题答案为

(1) $(25)_{10}$

整数部分:

$$
\begin{array}{r|l}
2 & 25 \quad\quad 余数=1=k_0\\
2 & 12 \quad\quad 余数=0=k_1\\
2 & 6 \quad\quad\ \ 余数=0=k_2\\
2 & 3 \quad\quad\ \ 余数=1=k_3\\
2 & 1 \quad\quad\ \ 余数=1=k_4\\
\hline
 & 0
\end{array}
$$

所以得:$(25)_{10}=(11001)_2$

根据二进制中3位转化为八进制中1位的关系,得:

$$(11\quad\ 001)_2$$
$$\downarrow\quad\quad\ \downarrow$$
$$=(\ 3\quad\ \ 1)_8$$

(2)$(0.15)_{10}$

小数部分:

$0.15\times2=0.3$	整数$=0=k_{-1}$
$0.3\times2=0.6$	整数$=0=k_{-2}$
$0.6\times2=1.2$	整数$=1=k_{-3}$
$0.2\times2=0.4$	整数$=0=k_{-4}$

所以得:$(0.15)_{10}=(0.0010)_2=(0.1)_8$

(3)$(11.03)_{10}$

整数部分:

$$
\begin{array}{r|l}
2 & 11 \quad\quad 余数=1=k_0\\
2 & 5 \quad\quad\ \ 余数=1=k_1\\
2 & 2 \quad\quad\ \ 余数=0=k_2\\
2 & 1 \quad\quad\ \ 余数=1=k_3\\
\hline
 & 0
\end{array}
$$

小数部分:

$0.3\times2=0.6$	整数部分$=0=k_{-1}$
$0.6\times2=1.2$	整数部分$=1=k_{-2}$
$0.2\times2=0.4$	整数部分$=0=k_{-3}$
$0.4\times2=0.8$	整数部分$=0=k_{-4}$

所以得:$(11.03)_{10}=(1011.0100)_2=(13.2)_8$

题型2 逻辑代数及运算规则

【例1.2.1】 求下列函数的反函数:

(1) $Y=\overline{AB}(C+\overline{D})$
(2) $Y=(\overline{A}+\overline{BC})D$

答:利用反演定理,注意在变换过程中,应遵守"先括号、然后乘、最后加"的运算优先次序,不属于单个变量上的反号应保留不变。本题答案为

(1) $\overline{Y}=\overline{\overline{AB}+C+\overline{D}}=(A+B)+\overline{C}D=A+B+\overline{C}D$

(2) $\overline{Y}=\overline{(\overline{A}+\overline{BC})+\overline{D}}=ABC+\overline{D}$

【例 1.2.2】 求下列函数的对偶式:

(1) $Y=(\overline{A}+B)\overline{C}D$ 　　　　　　(2) $Y=\overline{AB+C+\overline{D}}(C+\overline{D})$

答:利用对偶定理,本题答案为

(1) $Y'=(\overline{A}+B)'+(\overline{C}D)'=\overline{A}B+(\overline{C}+D)$

(2) $Y'=\overline{\overline{AB+C+\overline{D}}'+(C+\overline{D})'}=\overline{(\overline{AB+C+\overline{D}})'}+C\overline{D}=\overline{(\overline{A}+B)C\overline{D}}+C\overline{D}$

【例 1.2.3★】 试用代数法对下列等式进行证明。

(1) $A\odot B\odot C=A\oplus B\oplus C$

(2) $\overline{A}BC+AB+AB\overline{C}+\overline{A}\,\overline{B}+\overline{A}\,\overline{C}=\overline{A}+B$

(3) $A\overline{B}\,\overline{C}+\overline{A}\,\overline{B}+\overline{A}D+C+BD=\overline{B}+C+D$

答:利用逻辑代数基本公式和规则,可得本题答案为

(1) 利用"同或""异或"基本定义以及两者之间互为反函数的关系,可得

$$左式 = A\odot B\odot C = A(B\odot C)+\overline{A}(\overline{B\odot C})$$
$$= A(\overline{B\oplus C})+\overline{A}(B\oplus C)=A(\overline{B\oplus C})+\overline{A}(B\oplus C)=A\oplus B\oplus C=右式$$

得证。

(2) 　左式 $=\overline{A}BC+AB+AB\overline{C}+\overline{A}\,\overline{B}+\overline{A}\,\overline{C}$ 　　　$(AB+AB\overline{C}=AB)$

$\quad\quad=\overline{A}BC+AB+\overline{A}\,\overline{B}+\overline{A}\,\overline{C}$

$\quad\quad=\overline{A}BC+AB+\overline{A}\,\overline{B}+\overline{A}B\overline{C}+\overline{A}\,\overline{B}\,\overline{C}$ 　　$(\overline{A}BC+\overline{A}B\overline{C}=\overline{A}B$

$\quad\quad\quad\quad\quad\quad\quad\quad\quad\quad\quad\quad\quad\quad\quad\quad\overline{A}\,\overline{B}+\overline{A}\,\overline{B}\,\overline{C}=\overline{A}\,\overline{B})$

$\quad\quad=\overline{A}B+AB+\overline{A}\,\overline{B}$ 　　　　　$(\overline{A}B+AB=B\quad AB+\overline{A}\,\overline{B}=\overline{A})$

$\quad\quad=\overline{A}+B=右式$

得证。

(3) 左式 $=A\overline{B}\,\overline{C}+\overline{A}\,\overline{B}+\overline{A}D+C+BD$ 　　　$(A\overline{B}\,\overline{C}+\overline{A}\,\overline{B}=A\overline{B}+\overline{A}\,\overline{B}=\overline{B})$

$\quad\quad=\overline{B}+\overline{A}D+C+BD$ 　　　　　$(\overline{B}+BD=\overline{B}+D)$

$\quad\quad=\overline{B}+D+\overline{A}D+C$ 　　　　　　$(D+\overline{A}D=D)$

$\quad\quad=\overline{B}+C+D$

得证。

【例 1.2.4★】 试用代数法将下列逻辑函数化为最简形式。

(1) $Y=ABC+\overline{B}C+\overline{A}C$

(2) $Y=ABC+\overline{A}B+\overline{B}+\overline{C}$

(3) $Y=AD+\overline{A}CD+A\overline{B}D+\overline{C}D$

(4) $Y=ABC+ABD+BC\overline{D}+BD+B\overline{C}$

(5) $Y=(A+B)C+B\overline{C}$

(6) $Y=(\overline{A}+B)(A+\overline{B})$

答:用代数法化简逻辑函数,就是反复利用逻辑代数的基本公式和规则,消去逻辑函数中的多余项及每一项中的多余因子,以求得函数式的最简形式。

可得本题答案为

(1) $Y=ABC+\overline{B}C+\overline{A}C$ 　　　　　　$(ABC+\overline{B}C=AC+\overline{B}C)$

$\quad\quad=AC+\overline{B}C+\overline{A}C$ 　　　　　　　$(AC+\overline{A}C=C)$

$\quad\quad=C+\overline{B}C$

$\quad\quad=C$

(2) $Y=ABC+\overline{A}B+\overline{B}+\overline{C}$ 　　　　　$(\overline{A}B+\overline{B}=\overline{A}+\overline{B})$

$\quad\quad=ABC+\overline{A}+\overline{B}+\overline{C}$ 　　　　　$(\overline{A}+\overline{B}+\overline{C}=\overline{ABC})$

$$= ABC + \overline{ABC}$$
$$= 1$$

(3) $Y = AD + \overline{A}CD + A\overline{B}D + \overline{C}D$ $(AD + \overline{A}CD = AD + CD)$

    $= AD + CD + A\overline{B}D + \overline{C}D$ $(CD + \overline{C}D = D)$

    $= D + A\overline{B}D$

    $= D$

(4) $Y = ABC + ABD + BC\overline{D} + BD + B\overline{C}$ $(BC\overline{D} + B\overline{C} = B\overline{D} + B\overline{C})$

    $= ABC + ABD + B\overline{D} + BD + B\overline{C}$ $(B\overline{D} + BD = B)$

    $= ABC + ABD + B$

    $= B$

(5) $Y = (A + B)C + B\overline{C} = AC + BC + B\overline{C}$ $(Y = BC + B\overline{C} = C)$

                $= AC + C$

                $= C$

(6) $Y = (\overline{\overline{A} + B})(A + \overline{B})$ (利用反演定律)

    $= A\overline{B}(A + \overline{B}) = A\overline{B} + A\overline{B} = A\overline{B}$

【例 1.2.5】 试用下列式子转换为"与非"和"非"的组合形式。

(1) $Y = AB + C$

(2) $Y = (A + B)\overline{C} + AC$

答：可知逻辑表达式都可用"与""或""非"三种基本逻辑运算按一定的组合表达出来，本题要注意的是最后结果要按照要求将逻辑函数表达式转化为"与非"和"非"的组合形式，故关键点在于将"或"转变为"非"或"与非"形式。本题答案为

(1) $Y = AB + C = \overline{\overline{AB + C}} = \overline{\overline{AB} \cdot \overline{C}}$

(2) $Y = (A + B)\overline{C} + AC = A\overline{C} + B\overline{C} + AC = A + B\overline{C} = \overline{\overline{A + B\overline{C}}} = \overline{\overline{A} \cdot \overline{B\overline{C}}}$

题型 3 逻辑函数及其表示法

【例 1.3.1】 已知逻辑函数的真值表如表 1.2.1 所示，试写出对应的函数式和卡诺图。

答：由真值表写逻辑函数的方法是：首先找出真值表中所有使函数值等于1的那些输入变量组合。然后写出每一组变量组合对应的一个乘积项，取值为1的在乘积项中写为原变量，取值为0的在乘积项中写为反变量。最后，将这些乘积项相加，就得到所求得逻辑函数式。

由卡诺图表示逻辑函数的方法是：首先由变量数确定卡诺图的方格数，再由表达式将函数表示为最小项之和的形式，在卡诺图上与这些最小项对应的位置上添入1，其余地方添0。本题答案为：

逻辑函数表达式为：$Y = \overline{A}\overline{B}C + A\overline{B}\overline{C} + AB\overline{C}$

逻辑函数卡诺图如图 1.2.1 所示。

表 1.2.1

ABC	Y	ABC	Y
000	0	100	1
001	1	101	0
010	0	110	1
011	0	111	0

A\\BC	00	01	11	10
0	0	1	0	0
1	1	0	0	1

图 1.2.1

【例 1.3.2】 试用真值表证明运算公式：

$$B+\overline{A}B=B$$

答：本题的要求是用真值表证明，所以首先将逻辑等式左右两边的表达式分别用真值表形式表达出来，再由真值表中最小项之和判断此等式是否成立。

列出真值表如表 1.2.2 所示。

表 1.2.2

AB	$\overline{A}B$	$B+\overline{A}B$	AB	$\overline{A}B$	$B+\overline{A}B$
00	0	0	10	0	0
01	1	1	11	0	1

可知在此真值表中，B 的最小项之和与 $B+\overline{A}B$ 的最小项之和完全相等，所以得证。

【例 1.3.3】 试用逻辑图表示逻辑函数 $Y=\overline{\overline{A}\ \overline{B}\ \overline{C}}$。

答：用逻辑图形符号代替函数式中的所有逻辑运算符号，就可以得到由逻辑图形符号连接成的逻辑图了。本题答案如图 1.2.2 所示。

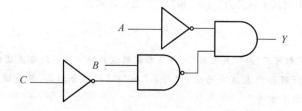

图 1.2.2

【例 1.3.4★】 试分别用最小项之和和最大项之积表示下列逻辑函数：

(1) $Y=A+B$

(2) $Y=A+\overline{B}C$

答：由最小项和最大项的定义和性质可知本题答案为

(1) 最小项之和表达形式：

$$Y=A(B+\overline{B})+(A+\overline{A})B=AB+A\overline{B}+\overline{A}B=\sum m(1,2,3)$$

最大项之积表达形式：

$$Y=(A+B)=\prod M(0)$$

最大项之积还可利用最小项之和来进行变化，如本题还可有以下一种解法：

$$Y=m_1+m_2+m_3=\overline{\overline{m_1+m_2+m_3}}$$

由要点 2 中最小项的性质(2)可知

$$Y=\overline{\overline{m_1+m_2+m_3}}=\overline{m_0}$$

再由最大项和最小项互反的特性，可知

$$Y=\overline{m_0}=M_0=(A+B)=\prod M(0)$$

(2) 最小项之和表达形式：

$$Y=A+\overline{B}C=A(B+\overline{B})(C+\overline{C})+(A+\overline{A})\overline{B}C$$

$$=A\overline{B}\,\overline{C}+AB\overline{C}+A\overline{B}C+ABC+\overline{A}\,\overline{B}C$$

$$=\sum m(1,4,5,6,7)$$

最大项之积表达形式：

$$Y = A + \overline{B}C = (A + \overline{B})(A + C)$$
$$= (A + \overline{B} + \overline{C})(A + \overline{B} + C)(A + \overline{B} + C)(A + B + C)A$$
$$= (A + \overline{B} + \overline{C})(A + \overline{B} + C)(A + B + C)$$
$$= \prod M(0,2,3)$$

或是由最小项之和的表达形式可知

$$Y = \overline{\overline{\sum m(1,4,5,6,7)}} = \prod M(0,2,3)$$

【例 1.3.5】 试画出用与非门和反相器实现下列函数的逻辑图。

(1) $Y = (\overline{A} + B)(A + \overline{B})C + \overline{BC}$

(2) $Y = A\,\overline{BC} + \overline{(\overline{A\,\overline{B}} + \overline{A}\,\overline{B} + BC)}$

答:根据题目要求,首先将表达式转化为最简与非—与非式,然后用与非门和反相器实现。

(1) $Y = (\overline{A} + B)(A + \overline{B})C + \overline{BC} = A + \overline{B} + \overline{C} = \overline{ABC}$

其逻辑图如图 1.2.3(a)所示。

(2) $Y = A\,\overline{BC} + \overline{(\overline{A\,\overline{B}} + \overline{A}\,\overline{B} + BC)} = A\,\overline{BC} = \overline{\overline{A}\,\overline{BC}}$

其逻辑图如图 1.2.3(b)所示。

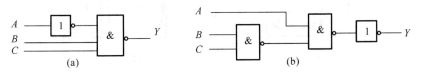

图 1.2.3

题型 4 逻辑函数化简

【例 1.4.1★】 因为试证明两个逻辑函数之间的与、或和异或运算可以通过它们的卡诺图中对应的最小项作与、或和异或运算来实现。

答:设两个逻辑函数分别为 $Y_1 = \sum m_{i1}$,$Y_2 = \sum m_{i2}$

(1) 证明 $Y_1 \cdot Y_2 = \sum m_{i1} \cdot m_{i2}$

因为任意两个不同的最小项(即数值表示分别为"0"、"1")之积为 0,而两个相同的最小项(即数值表示同时为"0"或同时为"1")之积仍等于这个最小项,所以 Y_1 和 Y_2 的乘积仅为它们的共同最小项之和。即

$$Y_1 \cdot Y_2 = \sum m_{i1} \cdot \sum m_{i2} = \sum m_{i1} \cdot m_{i2}$$

(2) 证明 $Y_1 + Y_2 = \sum m_{i1} + m_{i2}$

因为 $Y_1 + Y_2$ 等于 Y_1 和 Y_2 的所有最小项之和,所以将 Y_1 和 Y_2 卡诺图中对应的最小项相加,就得到 $Y_1 + Y_2$ 卡诺图中对应的最小项了。即

$$Y_1 + Y_2 = \sum m_{i1} + \sum m_{i2} = \sum m_{i1} + m_{i2}$$

(3) 证明 $Y_1 \oplus Y_2 = \sum m_{i1} \oplus m_{i2}$

已知 $Y_1 \oplus Y_2 = \overline{Y_1 \odot Y_2} = \overline{Y_1 Y_2 + \overline{Y_1}\,\overline{Y_2}}$

由(1)、(2)证明的结果可得:

$$\overline{Y_1 Y_2 + \overline{Y_1}\,\overline{Y_2}} = \overline{\sum m_{i1} m_{i2} + \sum \overline{m_{i1}}\,\overline{m_{i2}}} = \overline{\sum m_{i1} m_{i2} + \overline{m_{i1}}\,\overline{m_{i2}}}$$
$$= \overline{\sum (m_{i1} m_{i2} + \overline{m_{i1}}\,\overline{m_{i2}})} = \overline{\sum m_{i1} \odot m_{i2}} = \sum \overline{m_{i1} \odot m_{i2}} = \sum m_{i1} \oplus m_{i2}$$

【例1.4.2★】 试用卡诺图化简法将下列函数化为最简与或形式。

(1) $Y = \overline{A}\,\overline{B} + AC + \overline{B}C$

(2) $Y = A\overline{C} + ABC + AC\overline{D} + CD$

(3) $Y(A,B,C) = \sum m(0,1,2,6)$

(4) $Y(A,B,C) = \prod M(0,1,3)$

(5) $Y(A,B,C,D) = \sum m(0,2,4,5,7,8,10,12,13,15)$

答:本题可先画出各表达式的卡诺图,然后根据卡诺图化简逻辑函数得出结果。本题答案为

(1) $Y = \overline{A}\,\overline{B} + AC$,如图1.2.4所示。

(2) $Y = A + CD$,如图1.2.5所示。

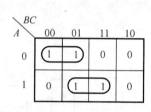

图1.2.4

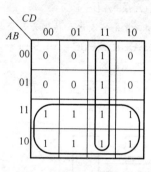

图1.2.5

(3) $Y = \overline{A}\,\overline{B} + A\overline{C}$,如图1.2.6所示。

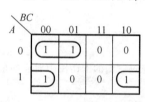

图1.2.6

(4) 如图1.2.7所示,按最小项圈定"1",化简结果为

$$Y(A,B,C) = A + B\overline{C}$$

本题也可最大项圈定"0"来进行化简,如图1.2.8所示,化简结果为

$$Y(A,B,C) = (A+B)(A+C)$$

由本题要求可知最后结果要为与或形式,故再将其展开化简为

$$Y(A,B,C) = (A+B)(A+C) = A + BC$$

由第二种解法可知,卡诺图按最大项形式化简时,可到的最终结果为或与式,所以当要求最后结果为或表达形式时,应优先考虑用最大项,即在卡诺图中圈定"0"的方式进行化简。

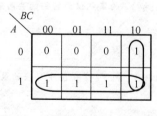

图1.2.7

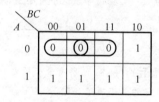

图1.2.8

(5) 可知本题按图1.2.9所示,化简结果为

$$Y = B\overline{C} + \overline{B}\,\overline{D} + BD$$

按图1.2.10所示,化简结果为

$$Y = \overline{C}\overline{D} + \overline{B}\,\overline{D} + BD$$

两个化简结果的乘积项个数相同,每个乘积项的变量个数也相同,所以都是最简与或表达式。这说明逻辑函数的卡诺图是唯一的,但其最简表达式不是唯一的。在这种情况下,只需选择其中之一作为化简结

果即可。

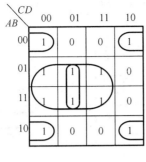

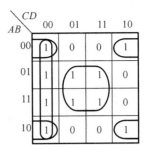

图 1.2.9　　　　　　　　　　　　　　图 1.2.10

【例1.4.3】 试用卡诺图化简法化简逻辑函数:

$$Y = \sum m(0,5,7,8) + \sum d(1,4,6,13)$$

为最简与或式。

答:本例给出的逻辑函数是具有无关项的逻辑函数。无关项对于逻辑函数是一种约束条件,它的含义有二,一是这些无关项不允许出现,二是即使出现了也不影响电路的逻辑功能。由于无关项的随意性,在化简逻辑函数时,若能合理地加以利用,将有助于逻辑函数的化简。具体地说是在合并最小项时,把无关项与相邻为"1"的小方格圈在一起,这时把无关项认为是"1";在合并最大项时,把无关项与相邻为"0"的小方格圈在一起,这时把无关项认为是"0"。这样做的目的是扩大包围圈,使逻辑函数式达到更简的结果。本题的答案参照图1.2.11,可得最后的化简结果为

$$Y = \overline{A}\,\overline{C} + \overline{A}B + \overline{C}D$$

【例1.4.4】 试用卡诺图化简法将逻辑函数 $Y(A,B,C,D) = \prod M(2,6,7,10,12) \cdot \prod d(3,4,11)$ 化简为最简或与式。

答:由【例1.4.3】第(4)题可知,当最后要求化简结果为最简或与式时,应采用圈定最大项的方法进行化简。本例给出的函数为最大项之积形式,即标准的或与式,并且具有无关项。将逻辑函数用卡诺图表示出来,并分别填入相应的最大项和无关项,如图1.2.12所示。经化简得最简或与式为

$$Y = (A + \overline{C})(B + \overline{C})(\overline{B} + C + D)$$

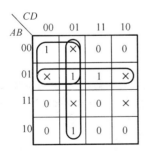

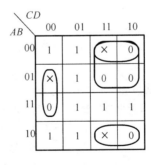

图 1.2.11　　　　　　　　　　　　　　图 1.2.12

【例1.4.5】 试用卡诺图之间的运算(参见【例1.4.1】)将下列逻辑函数化为最简与或式。

(1) $Y = (ABC + BD)(A\overline{B}CD + AB\,\overline{D} + \overline{C}D)$

(2) $Y = (AB\overline{C} + BD) \oplus (A\overline{B} + B\overline{C}\,\overline{D})$

答:由【例1.4.1】可知当两个逻辑函数分别为 $Y_1 = \sum m_{i1}$, $Y_2 = \sum m_{i2}$ 时,有 $Y_1 \cdot Y_2 = \sum m_{i1} \cdot m_{i2}$,

$Y_1 + Y_2 = \sum m_{i1} + m_{i2}$ 和 $Y_1 \oplus Y_2 = \sum m_{i1} \oplus m_{i2}$。所以本题答案为:

(1) 令 $Y_1 = ABC + BD$,则其卡诺图表示如图1.2.13所示。

令 $Y_2 = A\overline{B}CD + AB\,\overline{D} + \overline{C}D$,则其卡诺图表示如图1.2.14所示。

可得 $Y=Y_1 \cdot Y_2$ 的卡诺图表示如图 1.2.15 所示,由此图可知,最终的化简结果为

$$Y = AB\overline{C} + B\overline{C}D + AB\overline{D}$$

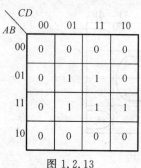

图 1.2.13

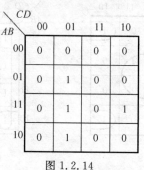

图 1.2.14

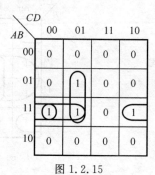

图 1.2.15

(2) 令 $Y_1 = AB\overline{C} + BD$,则其卡诺图表示如图 1.2.16 所示。

令 $Y_2 = A\overline{B} + B\overline{C}\overline{D}$,则其卡诺图表示如图 1.2.17 所示。

可得 $Y=Y_1 \cdot Y_2$ 的卡诺图表示如图 1.2.18 所示,由此图可知,最终的化简结果为

$$Y = \overline{A}B\overline{C} + BD + AD + A\overline{B}$$

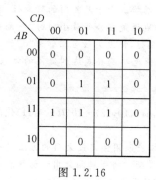

图 1.2.16

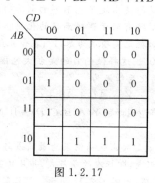

图 1.2.17

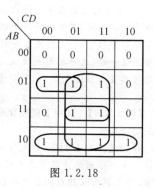

图 1.2.18

【例 1.4.6★】 将下列各式化为最大项之积的形式。

(1) $Y_1 = (A + B)(\overline{A} + \overline{B} + C)$

(2) $Y_2 = \overline{A}B\overline{C} + \overline{B}C + A\overline{B}C$

答: 针对最大项之积形式,可先将一般或与式通过补项得标准或与式,或先得标准与或式,再得到

$$Y = \sum (m_i) = \prod_{k \neq i} (M_k)$$

(1) Y_1 是或与式。将或与式化为标准或与式(即最大项之积的形式)有两个技巧。首先,根据公式 $a\overline{a} = 0$ 补足各乘积因子中的变量,其次,根据公式 $a + bc = (a+b)(a+c)$ 分配变量。因此,本题答案为

$$Y_1 = (A + B + C)(A + B + \overline{C})(\overline{A} + \overline{B} + \overline{C})$$
$$= \prod (M_0, M_1, M_7)$$

(2) Y_2 是与或式。先将 Y_2 化为最小项之和的形式,再利用最小项之和形式与最大项之积形式之间的关系得到最终结果。

$$Y_2 = \overline{A}B\overline{C} + \overline{B}C + A\overline{B}C = \overline{A}B\overline{C} + (A + \overline{A})\overline{B}C + A\overline{B}C = \overline{A}\,\overline{B}C + \overline{A}B\overline{C} + A\overline{B}C$$
$$= \sum (m_1, m_2, m_5) = \prod (M_0, M_3, M_4, M_6, M_7)$$

第2章

门 电 路

【基本知识点】二极管的开关特性、晶体管的开关特性、分立元件基本与、或、非门电路，基本 TTL 与非门电路分析（工作原理、带负载能力、传输特性及抗干扰能力、参数），基本门电路构成的或非门及异或门。抗饱和 TTL 电路，OC 门及负载电阻计算，三态门、MOS 逻辑（NMOS 反相器、NMOS 逻辑门、CMOS 逻辑门、CMOS 传输门）电路分析、正负逻辑。

【重点】掌握门电路的电气特性和使用方法。

【难点】掌握门电路的电气特性和使用方法。

2.1 答疑解惑

2.1.1 门电路由哪些部分组成？

门电路的组成基本器件包括二极管、晶体管和 MOS 管。

2.1.2 半导体二极管的开关特性是什么？

半导体二极管由一个 PN 结，再加上电极、引线，封装而成。由于半导体二极管具有单向导电性，所以在数字电路中把它当作开关使用。二极管的伏安特性如图 2.1.1 所示。U_{ON} 是使二极管开始导通的临界电压，称为开启电压。正向电压超过 U_{ON} 后，正向电流从零随端电压按指数规律增大。当二极管所加反向电压足够大时，反向电流为 I_S。$U_{(BR)}$ 为反向击穿电压，当外加电压超过 $U_{(BR)}$ 时二极管将被击穿。

二极管的特性对温度很敏感。在室温附近，温度每升高 1℃，正向压降减小 2～2.5 mV；温度每升高一倍，反向电流约增大一倍。

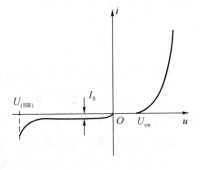

图 2.1.1

2.1.3 半导体晶体管的开关特性是什么？

同理，利用晶体管的开关特性，合理地选择电路参数，晶体管亦可作为开关器件使用。表2.1.1给出了晶体管开关电路基本形式及其工作条件。

表 2.1.1

器件	开关电路形式	截止状态等效电路	饱和导通状态等效电路	开关工作条件
双极型晶体管				截止： $U_{BE} \leqslant 0$ 饱和： $I_B \geqslant I_{BS}$
增强型 NMOS管				?

图 2.1.2 给出了晶体管（NPN 型）的等效电路。由图 2.1.2 可知：

$$V_{CE} = V_{CC} - R_c i_C = V_{CC} - R_c \beta i_C。$$

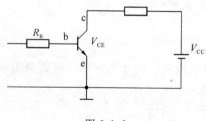

图 2.1.2

图 2.1.3 为晶体管（NPN 型）的输出特性曲线图。对照图 2.1.3(a)可知，特性曲线分三个部分：输入特性曲线描述了在管压降一定的情况下，基极电流 i_B 与发射结压降 u_{BE} 之间的函数关系。

当 $U_{CE} = 0$ 时，相当于集电极与发射极短路，即发射结与集电结并联。因此，输入特性曲线与 PN 结的伏安特性类似，呈指数关系。

当 U_{CE} 增大时曲线右移，增大到一定值以后不再明显右移。

输出特性曲线描述基极电流 I_B 为一常量时，集电极电流 i_C 与管压降 u_{CE} 之间的函数关系。对于每一个确定的 I_B，都有一条曲线，所以输出曲线是一族曲线，如图 2.1.3(b)所示。

从输出特性曲线可以看出，晶体管分为三个工作区：

（1）饱和区：特征是发射结与集电结均正偏。i_C 与 I_B 无线性关系，随 u_{CE} 增大而增大。

（2）截止区：发射结与集电结均反偏，$i_C \approx 0$。

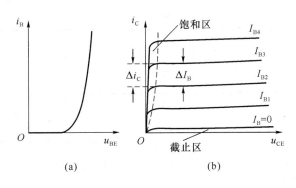

图 2.1.3

（3）放大区：发射结正偏，集电结反偏，$i_C = \bar{\beta} I_B$。

$i_B = 0$，$i_C = 0$，c-e 间"断开"。

2.1.4　MOS 管的开关特性是什么？

MOS 管的输出特性曲线如图 2.1.4 所示。

（1）可调电阻区：输出特性曲线中 u_{DS} 较小，且 i_D 几乎随 u_{DS} 增大而线性增加的那一部分。这里场效应管的沟道尚未出现预夹断，它的漏源间可看作是一个受 u_{GS} 控制的压控电阻。

（2）恒流区：也称为饱和区或放大区。这一区间的输出特性曲线几乎水平，i_D 只受 u_{DS} 控制，与 u_{DS} 几乎无关。

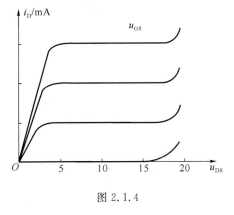

（3）夹断区：也称截止区，沟道全夹断，$i_D = 0$，是输出特性曲线靠近横轴的区域。

图 2.1.4

2.1.5　什么是二极管与门？

图 2.1.5 所示的是半导体二极管与门的等效电路及其逻辑符号。规定加到 A、B 上的高电平为 3 V，低电平为 0 V，二极管导通管降为 0.7 V。电压 2.3 V 以上定为逻辑 1，0 V 以下定为逻辑 0。由等效电路图及以上条件可以得出此电路的逻辑真值表如表 2.1.2 所示。

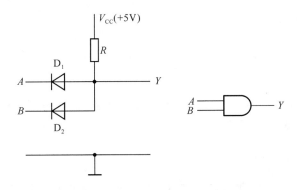

图 2.1.5

表 2.1.2

A	B	Y	A	B	Y
0	0	0	1	0	0
0	1	0	1	1	1

2.1.6 什么是二极管或门？

图 2.1.6 所示的是半导体二极管或门的等效电路及其逻辑符号。规定加到 A、B 上的高电平为 3 V，低电平为 0 V，二极管导通管降为 0.7 V。电压 2.3 V 以上定为逻辑 1，0 V 以下定为逻辑 0。由等效电路图及以上条件可以得出此电路的逻辑真值表如表 2.1.3 所示。

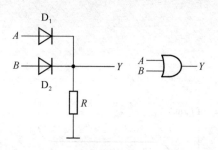

图 2.1.6

表 2.1.3

A	B	Y
0	0	0
0	1	1
1	0	1
1	1	1

2.1.7 什么是晶体管反相器-非门？

图 2.1.7 所示的是半导体三极非或门的等效电路及其逻辑符号。由等效电路图可以得出此电路的逻辑真值表如表 2.1.4 所示。

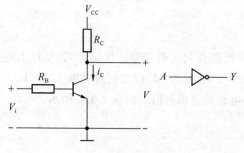

图 2.1.7

表 2.1.4

A	Y
0	1
1	0

分立元件门电路的缺点主要有：体积大、工作不可靠；需要不同的电源；各种门的输入、输出电平不匹配。因此，广泛采用由分立元件门电路进行组合，形成集成门电路。

2.1.8 与非门电路有哪些？

与分立元件门电路相比，集成门电路具有体积小、可靠性高、速度快的特点，而且输入输出电平匹配，所以早已广泛采用。根据电路内部的结构，可分为 DTL、TTL、HTL、MOS 管集成门电路等。以 TTL 与非门电路最具代表性。

2.1.9　TTL 与非门的基本原理是什么?

TTL 与非门的电路结构如图 2.1.8 所示。假定电路图中 $V_{CC}=5\,V$，$V_{IH}=3.4\,V$，$V_{IL}=0.2\,V$，PN 结导通压降 $V_{ON}=0.7\,V$。则存在以下情况：

(1) 当输入端有一个或几个为低电平($V_I=V_{IL}=0.7\,V$)，即 A 或 B 或 A、B 均为逻辑 0 时，对应于输入端接低电平的发射结导通，T_1 的基极电位等于输入低电平加上发射结正向电压。即

$$V_{B1}=0.3\,V+0.7\,V=1\,V$$

V_{B1} 加于 T_1 的集电结和 T_2、T_5 的发射结上，所以 T_2、T_5 均截止，输出高电平，即输出 Y 为逻辑 1。

(2) 当输入端全部为高电平时($V_I=V_{IL}=3.4\,V$)，即 A、B 均为逻辑 1 时，电源 V_{CC} 通过 R_1 和 T_1 的集电结向 T_2、T_5 提供基极电流，使 T_2、T_5 饱和，输出为电平，即输出 Y 为逻辑 0。

图 2.1.8 中还可以看出，TTL 与非门是由输入级、倒相级和输出级三部分组成：

(1) 输入级

输入级由多发射极晶体管 T_1 和电阻 R_1 组成，T_1 的多发射极结构使输入逻辑变量 A、B 实现了与逻辑功能。

(2) 倒相级

这一级由 T_2 与电阻 R_2 和电阻 R_3 组成，它的作用是为输出级提供两个相反的驱动信号。

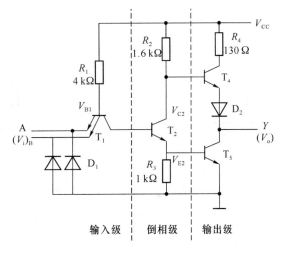

图 2.1.8

(3) 输出级

输出级由上拉晶体管 T_4、下拉晶体管 T_5 和电平移位二极管 T_2 以及电阻 R_4 组成。这是一种推拉式电路，具有输出电阻低、负载能力强的特点。

从逻辑功能上来看，由于多发射极晶体管的作用是实现输入逻辑变量 A、B 的逻辑与，所以 T_1 的集电极的输出是 AB，中间级是分相级，所以 T_2 的集电极输出为 $\overline{AB}$，而 T_2 的发射极输出为 AB。输出级的 T_4 和 D_2 是 T_5 的有源负载，因而输出逻辑变量 $Y=\overline{AB}$。于是输入逻辑变量 A、B 和输出逻辑变量 Y 之间具有与非的逻辑关系。

2.1.10　TTL 与非门的特性有哪些?

1. 电压传输特性

TTL 与非门的电压传输特性如图 2.1.9 所示，由图可见，电压传输特性可分为以下几段：AB 段(截止区)，BC 段(线性区)，CD 段(转折区)和 DE 段(饱和区)。

从电压传输特性上可以得到 TTL 与非门的以下几个参数：

(1) 输出高电平 V_{OH} 和输出低电平 V_{OL}

电压传输特性曲线 AB 所对应的输出电压为高电平 V_{OH}，DE 段对应的输出电压为 V_{OL}。

（2）阈值电压 V_{TH}

典型 TTL 与非门的 $V_{TH}=1.3\sim1.4$ V，常常以 V_{TH} 作为判断 TTL 与非门导通（输出低电平）或截止（输出高电平）的界限，即 $V_I>V_{TH}$ 与非门导通，$V_I<V_{TH}$ 与非门截止。

（3）噪声容限

噪声容限是指在输出 V_O 变化允许的范围内，允许输入 V_I 的变化范围。这就是说，如果在 TTL 与非门的输入端一旦出现噪声干扰，只要这些噪声的电压幅值不超过容许值，就不会影响输出端的逻辑状态，如图 2.1.10 所示。

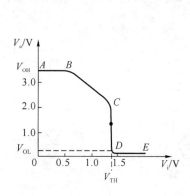

图 2.1.9

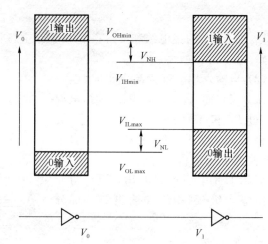

图 2.1.10

一般门电路都给定输出高电平的下限值 V_{OHmin}，同时又规定了它输入高电平的最小值 V_{IHmin} 和输出低电平的上限值 V_{OLmax} 以及输入低电平的最大值 V_{ILmax}，根据 V_{OHmin} 定出输入高电平的下限 V_{IHmin}。在将许多门电路互相连接组成系统时，前一级门电路的输出就是后一级门电路的输入。对后一级而言，输入高电平信号可能出现的最小值，即 V_{OHmin}。由此便可得到输入为高电平时的噪声容限为

$$V_{NH}=V_{OHmin}-V_{IHmin}$$

同理可得，输入为低电平时的噪声容限为

$$V_{NL}=V_{ILmax}-V_{OLmax}$$

2. 输入特性及有关参数

TTL 与非门的输入电流与输入电压之间的关系曲线，称为输入特性。典型的输入特性如图 2.1.11 所示。

与输入特性有关的参数有：低电平输入电流 I_{IL} 和高电平输入电流 I_{IH}。

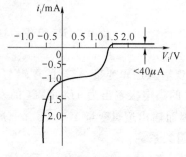

图 2.1.11

3. 输出特性及相关参数

输出特性是输出电压随输出负载电流变化的关系曲线。

与非门输出有高、低电平两种状态，因此输出特性也有两种，分别如图 2.1.12(a)、(b)所示。

图 2.1.12(a)为输出高电平负载特性曲线，也称之为拉电流负载特性曲线。图 2.1.12(b)为输出低电平负载特性曲线，也称之为灌电流负载特性曲线。

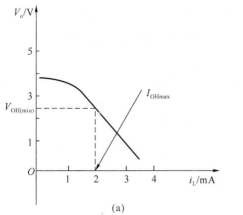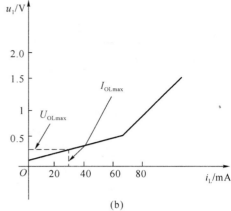

图 2.1.12

（1）拉电流负载特性

由图 2.1.12(a)可知,因本级门电路输出高电平,输出端电流应向外流,向负载门输出电流,即负载门从本级门拉出电流,从而使输出高电平降低。为保证与非门的正常逻辑关系,定义最大允许拉电流 I_{OHmax}（$U_{OH}=U_{OHmax}$ 时所对应的拉电流的值）。要注意的是对合格产品,当 $U_{OH}=U_{OHmin}$ 时,$I_{OH}\geqslant I_{OHmax}$;当 $I_{OH}=I_{OHmax}$ 时,$U_{OH}\geqslant U_{OHmin}$。

输出高电平扇出系数 N_{OH} 定义为

$$N_{OH} = \frac{I_{OHmax}}{I_{IHmax}}$$

N_{OH} 是后接门的端头数,因可能有输入端并接的情况,端头数可以大于后接门的数目。

（2）灌电流负载特性

由图 2.1.12(b)可知,这条曲线是非线性的,随着负载门向本级门灌入电流的增加,本级门输出低电平增高。但这个低电平应不超过允许值 U_{OLmax},否则难以保证正常的逻辑关系。由此定义最大允许灌电流 I_{OLmax}（当 $U_{OL}=U_{OLmax}$ 时所对应的灌电流的值）。要注意的是对合格产品,当 $U_{OL}=U_{OLmin}$ 时,$I_{OL}\geqslant I_{OLmax}$;当 $I_{OL}=I_{OLmax}$ 时,$U_{OL}\leqslant U_{OLmax}$。

输出高电平扇出系数 N_{OL} 定义为

$$N_{OL} = \frac{I_{OLmax}}{I_{ILmax}}$$

输出低电平扇出系数是描述集成逻辑门带负载能力的参数,它表示允许驱动同类门的最大数目。关于同类门并不一定是同一型号,只要 I_{IL} 相同即可。而对于同一个系列,I_{ILmax} 一般是相同的。

4. 传输延迟时间

平均传输延迟时间是衡量门电路工作速度的重要指标,用 t_{pd} 来表示。

图 2.1.13 给出了某 TTL 与非门的输入输出波形图,其中 t_{PHL} 称为导通延迟时间,t_{PLH} 称为截止延迟时间。平均传输延迟时间

$$t_{pd} = \frac{1}{2}(t_{PHL} + t_{PLH})。$$

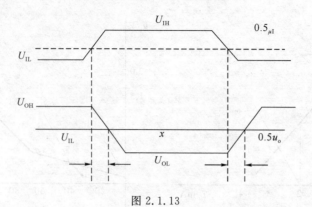

图 2.1.13

2.1.11 其他逻辑功能的门电路有哪些?

其他逻辑功能 TTL 门电路还包括或非门(其电路结构图如图 2.1.14(a)所示),与或非门(其电路结构图如图 2.1.14(b)所示),异或门(其电路结构图如图 2.1.14(c)所示)等。

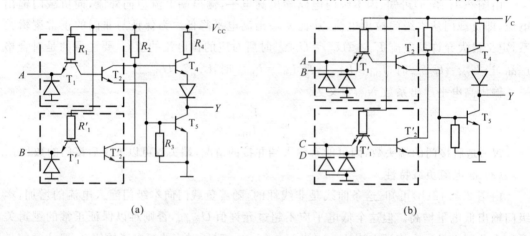

(a)   (b)

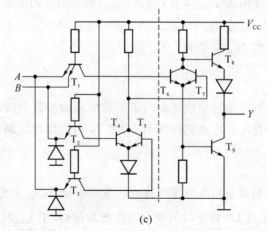

(c)

图 2.1.14

2.1.12　什么是集电极开路门（OC门）？

1. 电路结构和工作原理

OC门电路结构及逻辑符号如图2.1.15所示。

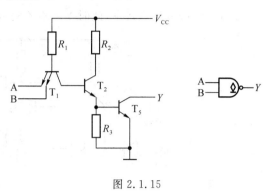

因门电路内部缺少上拉电阻，为了获得高电平，必须在输出端和电源之间接一个上拉电阻，上拉电阻的大小必须在合理的范围之内，对于推拉式的输出级，逻辑门是不允许并联的，而OC门可以并联，这是当并联门中有的门输出低电平，与之并联的某个门输出"高电平"（即VT$_5$截止），但这个输出"高电平"的门因无上拉部分而没有高电平输出电流灌入低电平输出的那个门中，所以只要外接电阻大小合适，就不会影响低电平的上升。OC门并联后可在输出线上实现"与"逻辑关系，一般称为"线与"。

图 2.1.15

2. 上拉电阻的确定

确定上拉电阻R的电路如图2.1.16所示。其原则为N个OC门输出高电平时，上拉电阻R增加，输出高电平降低，但应保证$U_{OH} \geqslant U_{OHmin}$。当某一个OC门输出低电平时，上拉电阻R减少，输出低电平升高，但应保证$U_{OL} \leqslant U_{OLmax}$。

据此，可得上拉电阻的取值范围是

$$\frac{V_{CC} - U_{OLmax}}{I_{OL} - MI_{IL}} \leqslant R \leqslant \frac{V_{CC} - U_{OHmin}}{NI_{eex} + KI_{IH}}$$

式中，I_{OL}是OC门输出低电平电流，I_{IL}是输入低电平电流，I_{eex}是OC门截止时的漏电流，I_{IH}是高电平输入电流。

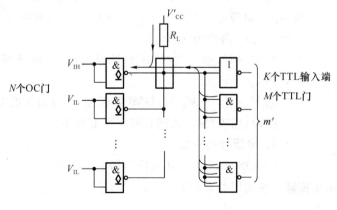

图 2.1.16

2.1.13　什么是三态门（TS门）？

三态门是又一种可以实现"线与"连接的逻辑门电路，它的输出有三种状态：逻辑0，逻辑1和高阻态。当逻辑门处于高阻态时，其输出端实质上是与所连接的电路断开。应当注意的是三态门不是三值电路。

三态门的电路结构,逻辑符号如图 2.1.17 所示。由图可知,三态门的输入输出之间存在两种情况:

(1) EN=0,为工作状态,此时 $Y=\overline{AB}$;

(2) EN=1,为高阻状态,此时 $Y=Z$(Z 表示高阻态)。

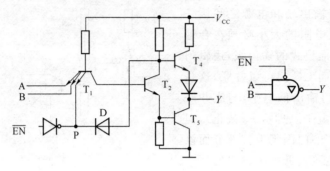

图 2.1.17

三态门的主要用途是作为一种接口电路用在数据总线上,它克服了 TTL 与非门不能进行"线与"连接的问题,同时也克服了 OC 门负载能力欠佳的不足。当它处于高阻状态时,其输出端基本脱离总线。正常工作时,这时接在总线上的相当于一个普通的与非门。

2.1.14 什么是 CMOS 反相器?

1. 电路结构的特点

CMOS 反相器是互补 MOS 反相器的简称。其电路结构如图 2.1.18 所示。

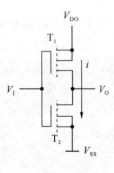

图 2.1.18

T_1、T_2 两管互补对称,两栅级相连为输入级,两漏级相连为输出级。T_1 是驱动管,T_2 是 T_1 的有源负载。T_1 是增强型 NMOS 管,T_2 是增强型 PMOS 管,两管具有相同的导通内阻 R_{ON} 和相同的截止内阻 R_{OFF},电源电压 $V_{DD}>|U_{GS(th)P}+U_{GS(th)N}|$,其中 $U_{GS(th)N}$ 和 $U_{GS(th)P}$ 分别为 T_1、T_2 两管的开启电压。

当 $V_I=U_{IL}=0$ 时,PMOS 管导通,NMOS 管截止,输出为高电平,且 $U_{OH}=V_{DD}$。

当 $V_I=U_{OH}=V_{DD}$ 时,NMOS 管导通,输出为低电平,且 $U_{OL}\approx0$。因而,输入/输出之间具有逻辑非的关系。

2. 电压传输特性

CMOS 反相器的电压传输特性如图 2.1.19 所示,从图中可知 CMOS 反相器的电压传输特性曲线具有如下特点:

(1) 电压 $U_T\approx\dfrac{V_{DD}}{2}$,基本上时供电电压的一半。

(2) $U_{OH}\approx V_{DD}$,$U_{OL}\approx0$ V。在相同的供电电压下,CMOS 反相器的高电平大于 TTL 门的高电平值;CMOS 反相器的低电平小于 TTL 门的低电平值。

(3) 噪声容限大于 TTL 的噪声容限。低电平噪声容限 $U_{NL}=U_{ILmax}-U_{OLmax}\approx\dfrac{V_{DD}}{2}$;

低电平噪声容限 $U_{NL} = U_{OHmax} - U_{ILmax} \approx \dfrac{V_{DD}}{2}$。因此，CMOS 反相器电路的抗干扰能力比 TTL 门电路强。

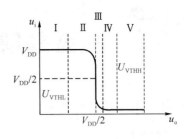

图 2.1.19

2.1.15 什么是CMOS门电路？

CMOS 逻辑门的电路结构一般具有如下特点：在输入端和输出端都加有反相器，起缓冲隔离和规范逻辑电平的作用。CMOS 逻辑门基本上是一种组合的等效门，典型的如与非门和或非门等。

2.1.16 什么是CMOS传输门和双向模拟开关？

1. CMOS 传输门

CMOS 传输门是一种受电压控制的传输信号的开关，用来使电路接通或断开。其电路结构和逻辑符号如图 2.1.20 所示。它由 NMOS 管和 PMOS 管并联而成。NMOS 管栅极接控制信号 C，PMOS 管栅极接控制信号 $\overline{C}$，衬底分别接地和 V_{DD}。T_1 和 T_2 的源极和漏极分别相连作为传输门的输入端和输出端。由于 MOS 管结构形式的对称，则 S 极和 D 极可以互换使用，因而 CMOS 传输门的输入端和输出端也可以互换使用。

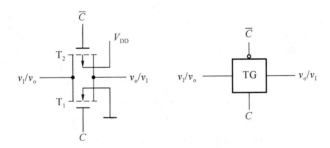

图 2.1.20

设控制信号 C 的高、低电平分别为 V_{DD} 和 0 V。则有：

(1) 当 C=0 时，T_1 和 T_2 都截止，输入与输出之间呈高阻态，传输门截止。

(2) 当 C=1 时，若 $0 \leqslant V_I \leqslant (V_{DD} - V_{T_1})$，则 T_1 导通。若 $V_{T_2} \leqslant V_I \leqslant V_{DD}$，则 T_2 导通。可见，当 $0 \leqslant V_I \leqslant V_{DD}$ 时，两管中至少有 1 个导通，使输入与输出间呈低阻，传输门开启，输入的信号可方便地传送到输出端。

注意，传输门不但可以传输数字信号，也可以传输模拟信号。

2. 双向模拟开关

单刀单掷开关：当 C=0 时，传输门截止，相当于开关断开；当 C=1 时，传输门导通，相当于开关闭合。信号可以进行双向传输，但在同一个时刻，信号只能从一个方向向另一个方向传输，传输完毕后，如果需要，信号才能反方向传输。

双刀单掷开关：当 C=0 时，2 个传输门都截止，相当于开关断开；当 C=1 时，2 个传输门都导通，相当于开关闭合。2 路信号都可以进行双向传输。

2.2 典型题解

题型 1 门电路的组成

【例 2.1.1】 选择题

在图 2.2.1 中,稳态晶体管一般工作在 _____ 状态。在图示电路中,若 $v_i < 0$ V,则晶体管 VT _____ ,此时 $v_o =$ _____ ,欲使晶体管处于饱和状态,v_i 需满足的条件为 _____ 。

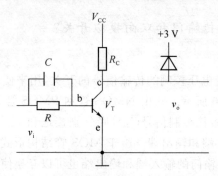

图 2.2.1

A. 放大,截止,5 V,$\dfrac{v_i - 0.7}{R_b} \geqslant \dfrac{V_{CC}}{\beta R_c}$　　B. 开关,截止,3.7 V,$\dfrac{v_i - 0.7}{R_b} \geqslant \dfrac{V_{CC}}{\beta R_c}$

C. 开关,饱和,0.3 V,$\dfrac{v_i - 0.7}{R_b} \geqslant \dfrac{V_{CC}}{\beta R_c}$　　D. 开关,截止,5 V,$\dfrac{v_i - 0.7}{R_b} \leqslant \dfrac{V_{CC}}{\beta R_c}$

答:本题主要牵涉到晶体管的特性,由要点 2 可知,本题的答案为 B。

【例 2.1.2★】 在图 2.2.2(a)、(b)两个电路中,试计算当输入端分别接 0 V、5 V 和悬空时输出电压 V_o 的数值,并指出晶体管工作在什么状态。(假定晶体管导通以后 $v_{BE} = 0.7$ V)

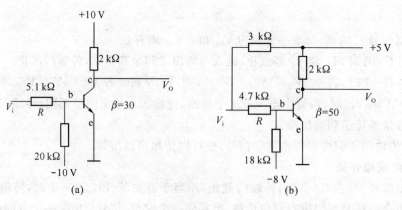

图 2.2.2

答:为便于分析,将图 2.2.2(a)、(b)两个电路中的电流流向分别标识出来,如图 2.2.3(a)、(b)所示。本题答案如下:

(a) 当 $v_i = 0$ V 时,由图 2.2.3(a)可知

$$v_E = v_i - \frac{v_i + 10 \text{ V}}{20 \text{ k}\Omega + 5.1 \text{ k}\Omega} \times 5.1 \text{ k}\Omega = -2.03 \text{ V},\text{所以晶体管处于截止状态,输出 } v_o = 10 \text{ V}。$$

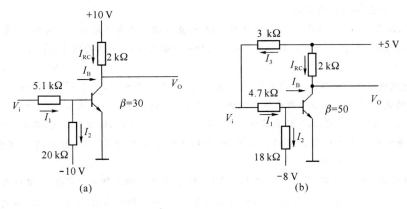

图 2.2.3

当 $v_i = 5$ V 时, 由图 2.2.3(a) 可知

$$I_B = I_1 - I_2 = \frac{5\ \text{V} - 0.7\ \text{V}}{5.1\ \text{k}\Omega} - \frac{10\ \text{V} + 0.7\ \text{V}}{20\ \text{k}\Omega} \approx 0.3\ \text{mA}$$

而临界饱和基极电流 $I_{BS} = \dfrac{10\ \text{V}}{2\ \text{k}\Omega \times 30} \approx 0.17\ \text{mA}$

$I_B > I_{BS}$, 可知晶体管处于截止状态, 输出 $v_o = v_{CES} \approx 0.3$ V。

当 v_i 悬空时, 可知 $v_{BE} = -10$ V 晶体管处于截止状态, 输出 $v_o = 10$ V。

(b) 当 $v_i = 0$ V 时, 由图 2.2.2(b) 可知

$v_E = v_i - \dfrac{v_i + 8\ \text{V}}{4.7\ \text{k}\Omega + 18\ \text{k}\Omega} \times 4.7\ \text{k}\Omega = -1.66$ V, 所以晶体管处于截止状态, 输出 $v_o = 5$ V。

当 $v_i = 5$ V 时, 由图 2.2.3(b) 可知

$$I_B = I_1 - I_2 = \frac{5\ \text{V} - 0.7\ \text{V}}{4.7\ \text{k}\Omega} - \frac{8\ \text{V} + 0.7\ \text{V}}{18\ \text{k}\Omega} \approx 0.43\ \text{mA}$$

而临界饱和基极电流 $I_{BS} = \dfrac{5\ \text{V}}{2\ \text{k}\Omega \times 50} = 0.05\ \text{mA}$

$I_B > I_{BS}$, 可知晶体管处于截止状态, 输出 $v_o = v_{CES} \approx 0.3$ V。

当 v_i 悬空时, 可知 $I_B = \dfrac{5\ \text{V} - 0.7\ \text{V}}{3\ \text{k}\Omega + 4.7\ \text{k}\Omega} - \dfrac{0.7\ \text{V} + 8\ \text{V}}{18\ \text{k}\Omega} = 0.075\ \text{mA} > I_{BS}$, 晶体管处于饱和状态, 输出 $v_o = V_{CES} = 0.3$ V。

【例 2.1.3】 电路如图 2.2.4 所示, 试:

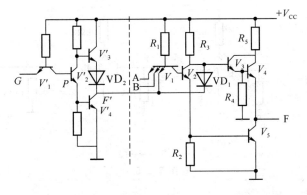

图 2.2.4

(1) 定性分析处 F 与输入 G、A、B 之间的逻辑关系。

（2）列出真值表，写出逻辑表达式。

答:（1）从图 2.2.4 中可以看出，电路由两部分组成，虚线右边的电路是三输入与非门，左边电路仅有一个输入端 G，电路的输出 F' 一方面控制右边与非门的一个输入端，另一方面通过二极管 VD_1 和与非门的 V_3 管相连接。

首先分析虚线左边的电路:从结构上看，它与典型的与非门电路相似，只是 V_1' 为一个输入端，输出级由 V_3'、V_4'、VD_2 组成，其作用和与非门输出级作用相同。当 $G=0$ 时，V_1' 饱和，P 点电位 $U_P=U_{CES}\approx 0.1\,V$，即 P 点为低电位，因此 V_2'、V_4' 截止，F' 输出高电位，即为逻辑 1；当 $G=1$ 时，V_1' 反向运用，其发射结反偏，集电结正偏，V_1' 的基极电流流向 V_2' 管，因此 V_2'、V_4' 饱和，F' 输出低电位，即为逻辑 0。可见，它相当于一个非门：$G=0$ 时，$F'=1$；$G=1$ 时，$F'=0$。

从整个电路看，当 $G=0$ 时，$F'=1$，二极管 VD_1 截止，与非门的工作不受影响，其输出端仍实现与非逻辑功能，即 $F=\overline{A\cdot B}$。当 $G=1$ 时，$F'=0$，使与非门 V_1 管的一个输入为低，因此 V_1、V_5 都截止，同时，因为 $F'=0$，VD_1 导通，使 V_3 的基极电位被钳制在 1 V 左右，致使 V_4 也截止。这样 V_4、V_5 都截止了，相当于悬空或断路状态，所以 F 端呈现高阻抗状态。由以上分析可见，该电路为三态与非门，G 为控制输入端，其表达式为

$$G=0 \text{ 时}, F=\overline{A\cdot B}$$

$$G=1 \text{ 时}, F \text{ 为高阻状态}$$

（2）该电路的真值表如表 2.2.1 所示。

表 2.2.1

G	A	B	F
0	0	0	1
0	0	1	1
0	1	0	1
0	1	1	0
1	×	×	高阻

由真值表可知，逻辑表达式为

$$F=\overline{G(\overline{A}\,\overline{B}+\overline{A}B+AB)}$$

【例 2.1.4★】 在图 2.2.5 所示的电路中，判断晶体管工作在什么状态？

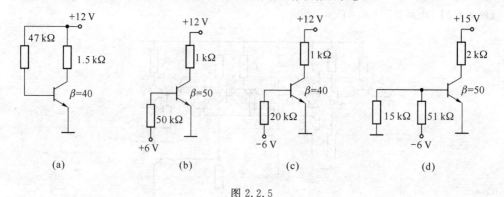

图 2.2.5

答:对于图（a）可知：

$$I_B=\frac{12}{47}=0.26(mA)\,,\,I_{CS}=\frac{12}{1.5}=8(mA)\,,\,I_{BS}=\frac{I_C}{\beta}=\frac{8}{40}=0.2(mA)$$

因 $I_B > I_{BS}$，所以晶体管处于饱和状态。

对于图（b）：

$$I_B = \frac{6}{50} = 0.12(\text{mA}), I_{CS} = \frac{12}{1} = 12(\text{mA}), I_{BS} = \frac{I_C}{\beta} = \frac{12}{50} = 0.24(\text{mA})$$

因 $0 < I_B < I_{BS}$，所以晶体管处于放大状态。

对于图（c）因 $U_{BE} < 0$，所以晶体管处于截止状态。

对于图（d）因 $U_B = \frac{15}{15+51} \times (-6) = -1.36 < 0$

所以晶体管处于截止状态。

题型2　分立元件基本门电路

【例 2.2.1】 在图2.2.6(a)所示的正逻辑与门和图2.2.6(b)所示的正逻辑或门电路中，若改用负逻辑，试列出它们的逻辑真值表，并列出输出 Y 与输入 A、B 之间的逻辑表达式。

答： 本题主要是掌握正逻辑和负逻辑的定义，列出真值表即可得到结果。

正逻辑是以高电平表示逻辑1，低电平表示逻辑0；而负逻辑以高电平表示逻辑0，低电平表示逻辑1。对于图2.2.6(a)、(b)所示的正逻辑与门和或门，输出 Y 与输入 A、B 之间负逻辑关系真值表如表2.2.2、表2.2.3所示。

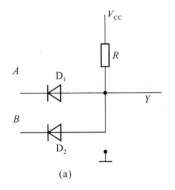 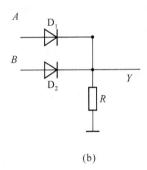

图 2.2.6

表 2.2.2

A	B	Y
0	0	0
0	1	1
1	0	1
1	1	1

表 2.2.3

A	B	Y
0	0	0
0	1	0
1	0	0
1	1	1

由真值表可得图2.2.6(a)、(b)的输入输出逻辑表达式分别为：

题型3　TTL集成门电路

【例 2.3.1】 图2.2.7所示的电路图中，G_0，G_1，G_2，…，G_N 为TTL同系列与非门，G_0 输出低电平时，$I_{OL} = 8$ mA，$I_{IL} = 0.4$ mA。受功耗的限制，规定高电平输出电流不能超过 400 μA。已知 G_0 的输出电平满足 $U_{OH} \geqslant 3.2$ V，$U_{OL} \leqslant 0.25$ V。问 G_0 最多可以驱动多少个负载门？若 G_0，G_1，G_2，…，G_N 有三个输入端，则 G_0 最多可以驱动多少个负载门？

答：TTL 与非门输出特性及相关参数可知，在本题中，由题意可知，G_0 输出低电平时，$I_{OLmax}=8$ mA，$I_{OLmax}=N_{OL}\,I_{ILmax}=N_{OL}\times 0.4$，故 $N_{OL}=\dfrac{I_{OLmax}}{I_{ILmax}}=\dfrac{8}{0.4}=20$。

因此，可得出 G_0 最多可以驱动 20 个负载门。因为 N_{OL} 与输入端的个数无关，所以当 G_0，G_1，G_2，…，G_N 有三个输入端，则 G_0 最多驱动负载门仍为 20 个。

【例 2.3.2】 电路如图 2.2.8 所示。已知输入 A、B 的高电平为 3.6 V，低电平为 0 V，$R_1=1$ kΩ，与非门的开门电阻 $R_{ON}=2.2$ kΩ，关门电阻 $R_{OFF}=0.8$ kΩ，阈值电压 $V_{TH}=1.8$ V，输入漏电流 $I_{IH}=0$。试求要使 $Y=\overline{AB}$ 的 R_2 的取值范围。

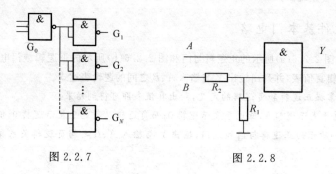

图 2.2.7   图 2.2.8

答：本例有两个输入逻辑变量 A、B，变量 B 经过电阻 R_1 和 R_2 的分压后加到与非门的输入端，要实现 $Y=\overline{AB}$ 的逻辑功能，需考虑两点：(1)B 为高电平时，P 点电位也应相当于高电平；(2)B 为低电平时，P 点电位也应相当于低电平。要使 P 点电平具有上述两个特点，需要根据 TTL 与非门的电压传输特性及输入负载特性来选择电阻 R_2 的取值，使电路完成预定的逻辑功能。本题答案如下：

当 B 端输入为高电平(3.6 V)时，P 点电平 $V_P\geqslant V_{TH}$(开门电平)，即

$$3.6\times\frac{R_2}{R_1+R_2}\geqslant 1.8$$

解此不等式，得出 $R_2\geqslant 1$ kΩ。

当 B 端输入为低电平(0 V)时，P 点电平 V_P 也应为 0，于是有

$$R_1/\!/R_2\leqslant R_{OFF}$$

解此不等式，得出 $R_2\leqslant 4$ kΩ。

由此得到 R_2 的取值范围为 1 kΩ $\leqslant R_2\leqslant 4$ kΩ。

【例 2.3.3】 可知低电平输出扇出系统 $N_L=\dfrac{I_{OL}}{I_{IL}}=\dfrac{16\text{ mA}}{1.6\text{ mA}}=10$。

当驱动门输出是高电平时，是拉电流伏在，其扇出系数为高电平时驱动门的最大输出电流 I_{OHMAX} 与负载门的高电平输入电流 I_{IH} 之比，即

$$N_H=\frac{I_{OHMAX}}{nI_{IH}}$$

式中，n 为接到驱动门输出端的负载门的输入端子数，对于本题来说，$n=4$。因此高电平输出系数 $N_H=\dfrac{I_{OH}}{nI_{IL}}=\dfrac{400\ \mu A}{4\times 40\ \mu A}=2.5\approx 2$(取整)。

然后取小者作为扇出系数。因此，扇出系数 $N=2$。

题型 4　其他类型的 TTL 门电路

【例 2.4.1】 TTL 门电路的测量电路如图 2.2.9(a)、(b)所示，TTL 门电路特性曲线如图 2.2.9(c)、 (d)所示,电压表内阻为 20 kΩ/V,试将电压表的读数列表给出(设开关 S＝0 断开,S＝1 接通)。

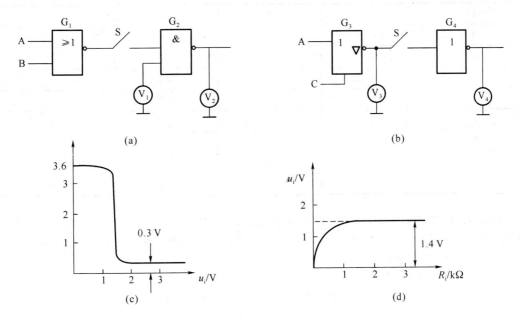

(a)　　　　　　　　　　　　　　　　(b)

(c)　　　　　　　　　　　　　　　　(d)

图 2.2.9

答:本例是一个门电路测量电路。在图 2.2.9(a)所示的电路中,电压表 V_1 和 V_2 分别接 TTL 与非门 G_2 的输入端和输出端,由于电压表的内阻大于开门电阻 R_{ON}(电压表内阻为 20 kΩ/V,如用 5 V 量程,则满量程是内阻应为 100 kΩ),所以,当开关 S 断开时,TTL 与非门的两个输入端均相当于接高电平,此时因 TTL 与非门的 U_{B1} 被箝住在 2.1 V,所以电压表 $V_1＝1.4$ V,$V_2＝0.3$ V;当开关 S 闭合时,TTL 与非门 G_2 的输入端与或非门 G_1 的输出端相连,由或非门的输出状态决定电压表 V_1 和 V_2 的值。

在图 2.2.9(b)所示的电路中,电压表 V_3 和 V_4 分别接三态门 G_3 和反向器 G_4 的输出端。当开关 S 断开时,V_3 由三态门的工作状态决定,而反相器的输入端悬空,所以 $V_4＝0.3$ V,当开关 S 闭合时,若三态门处于工作状态,则有 A 决定 V_3 和 V_4 的读数;若三态门处于高阻态,则 G_4 的输入端相当于接入大于 R_{ON} 的电阻,则 $V_3＝1.4$ V,$V_4＝0.3$ V。

根据上述分析,本题的答案如表 2.2.4、表 2.2.5 所示(分别代表图 2.2.3(a)、(b))。

表 2.2.4

S	A	B	V_1	V_2
0	0	0	1.4	0.3
0	0	1	1.4	0.3
1	0	0	1.4	0.3
1	0	1	0.3	3.6

表 2.2.5

S	C	B	V_1	V_2
0	0	0	0	0.3
0	0	1	0	0.3
0	1	0	3.6	0.3
0	1	1	0.3	0.3
1	0	0	1.4	0.3
1	0	1	1.4	0.3
1	1	0	3.6	0.3
1	1	1	0.3	3.6

【例 2.4.2】 在图 2.2.10(a)所示电路中，G_1、G_2、G_3 是 OC 门，输出高电平时 $I_{OH} \leqslant 100 \ \mu A$，输出低电平 $V_{OL} \leqslant 0.4 \ V$ 时 $I_{OLmax} = 8 \ mA$。G_4、G_5、G_6 是 TTL 与非门，它们的输入电流为 $I_{OL} \leqslant -0.4 \ mA$，$I_{IH} \leqslant 20 \ \mu A$。OC 门的输出高、低电平应满足 $V_{OH} \geqslant 3.2 \ V$，$V_{OL} \leqslant 0.4 \ V$。

已知 $V_{CC} = 5 \ V$，试计算外接负载电阻 R 的范围。

答：本题即为计算 OC 门上拉电阻的确定。由上拉电阻的确定公式可知答案为

$$\frac{V_{CC} - U_{OLmax}}{I_{OL} - MI_{IL}} \leqslant R \leqslant \frac{V_{CC} - U_{OHmin}}{nI_{eex} + KI_{IH}}$$

其中 M 为 TTL 门的个数，K 为 TTL 门输入端数，n 为 OC 门个数。带入具体数值，可得，R 的范围为 $699 \ \Omega \leqslant R \leqslant 5 \ k\Omega$。

【例 2.4.3★】 在图 2.2.11(a)所示电路中已知晶体管导通时 $V_{BE} = 0.7 \ V$，饱和压降 $V_{CES} = 0.3 \ V$，晶体管的电流放大系数 $\beta = 100$。OC 门 G_1 输出管截止时的漏电流约为 50 μA，导通时允许的最大负载电流为 16 mA，输出低电平 $\leqslant 0.3 \ V$。$G_2 \sim G_5$ 均为 74 系列 TTL 电路，其中 G_2 为反相器，G_3 和 G_4 是与非门，G_5 是或非门。试问：

(1) 在晶体管集电极输出的高、低电压满足 $V_{OH} \geqslant 3.5 \ V$，$V_{OL} \leqslant 0.3 \ V$ 的条件下，R_B 的取值范围有多大？

(2) 若将 OC 门改成推拉式输出的 TTL 门电路，会发生什么问题？

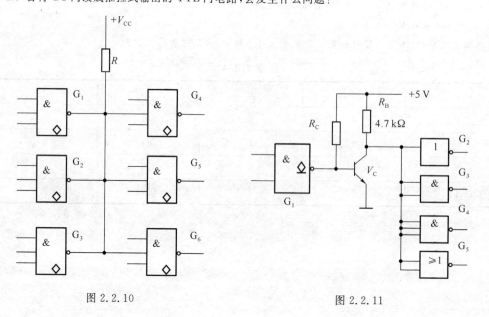

图 2.2.10

图 2.2.11

答：(1) 根据晶体管饱和导通时的要求可求得 R_B 的最大允许值。晶体管的临界饱和基极电流应为

$$I_{ES} = \frac{1}{\beta}\left(\frac{V_{CC}-V_{CES}}{R_C}+5I_{IL}\right) = \frac{1}{100}\left(\frac{5-0.3}{4.7}+5\times 1.6\right) = 0.09 \text{ mA}$$

由此得到 $\dfrac{V_{CC}-V_{BE}}{R_B}=0.09+0.05=0.14$ mA。

所以 $R_B = \dfrac{V_{CC}-V_{BE}}{0.14}=30.7$ kΩ。又根据 OC 门导通时允许的最大负载电流为 16 mA 可求出 R_B 的最小允许值 $R_B = \dfrac{V_{CC}-V_{OL}}{16}=0.29$ kΩ。

故取 0.29 kΩ＜R_B＜30.7 kΩ。

(2) 若将 OC 门直接换成推拉式输出的 TTL 门电路，则 TTL 门电路输出高电平时为低内阻，而且晶体管的发射结导通时也是低内阻，因此可能因电流过大而使 TTL 门电路和晶体管受损。

题型 5 CMOS 门电路

【例 2.5.1】 试对 TTL 门电路和 CMOS 门电路进行比较？

答：(1) TTL 门电路是由双极性晶体管(BJT)构成，而 CMOS 门电路是由单极性晶体管(MOS)构成。

(2) TTL 门电路电源电压为 5 V，而 CMOS 门电路的电源电压范围宽，为(1.5～18 V)。

(3) TTL 门电路输入端悬空相当于高电平，而 CMOS 门电路不允许输入端悬空，因输入电阻大，栅极电容上的感应电荷不易泄放，会造成输出状态不定，若有干扰信号，还容易击穿 MOS 管。

(4) TTL 门电路输入端接电阻时，输入电压随着输入电阻的变化而变化。当 $R_I \geqslant R_{ON}$ 时，输入相当于高电平；当 $R_I \leqslant R_{OFF}$ 时，输入相当于低电平。CMOS 门电路输入端接电阻时，输入相当于低电平。

(5) CMOS 门电路输出高电平的数值比 TTL 门电路高，接近于电源电压。CMOS 门电路输出低电平的数值比 TTL 门电路低，接近于 0。

(6) TTL 逻辑电路的扇出系数比 CMOS 逻辑电路的删除系数小。CMOS 逻辑电路的扇出系数取决于对工作速度的要求：工作速度低，扇出系数可大些；工作速度高，扇出系数应小些。

(7) CMOS 逻辑电路的静态功耗很小，但不等于动态功耗小。CMOS 逻辑电路的动态功耗，还应加入逻辑电路开关时的功耗。所以，工作速度越高，功耗越大，且与开关速度成正比。当工作速度达到 1MHz 左右时，CMOS 门电路的功耗与 TTL 门电路的功耗差不多。

(8) CMOS 门电路的噪声容限比 TTL 门电路大，抗干扰能力强。

(9) CMOS 门电路热稳定性好。

(10) CMOS 门电路适合作大规模集成电路。

【例 2.5.2】 填空题

对于 TTL 器件来说，0.7 V 输入为 _____ 输入，对于 CMOS 反相器来说，8.5 V 的输入是逻辑 _____ 输入。

答：在图 2.2.12(a)所示 TTL 输入输出电平示意图，低电平输入是在接地(GND)到 0.8 V 范围之内，而高电平必须在 2.0～5.0 V 之间。图 2.2.12(a)种输入侧 0.8～2.0 V 之间无阴影部分是禁止使用区。图 2.2.12(b)所示为典型 CMOS 反相器输入电平示意图，对于 CMOS 反相器来说，接地至＋3 V 之间的输入电压为低电平，为逻辑 0。＋7～＋10 V 之间的输入电压为高电平，为逻辑 1。

由以上分析可知本题答案为：对于 TTL 器件来说，0.7 V 输入为 低电平 输入，对于 CMOS 反相器来说，8.5V 的输入是逻辑 1 输入。

【例 2.5.3】 图 2.2.13 是用 TTL 电路驱动 CMOS 电路的实例，试计算上拉电阻 R_L 的取值范围。TTL 与非门在 $V_{OL} \leqslant 0.3$ V 时的最大输出电流为 8 mA，输出端截止时有 50 μA 的漏电流。CMOS 或非门的输入电流可以忽略。要求加到 CMOS 或非门输入端的电压满足 $V_{IH} \geqslant 4$ V，$V_{IL} \leqslant 0.3$ V。(给定电源电压 $V_{DD}=5$ V)

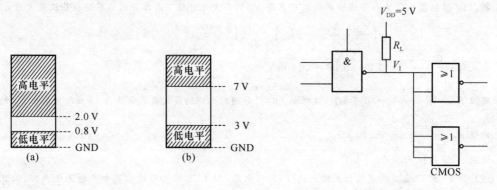

图 2.2.12 图 2.2.13

答:根据 $V_{IH} \geqslant 4$ V 的要求和 TTL 与非门的截止漏电流可求得 R_L 的最大允许值

$$R_{Lmax} = \frac{V_{CC} - V_{IH}}{0.05} = \frac{5 - 4}{0.05} = 20 \text{ k}\Omega$$

根据 $V_{IL} \leqslant 0.3$ V 的要求和 TTL 与非门的最大负载电流可求得 R_L 的最小允许值

$$R_{Lmin} = \frac{V_{CC} - V_{IL}}{8} = \frac{5 - 0.3}{8} = 0.59 \text{ k}\Omega$$

所以求得:$0.59 \text{ k}\Omega \leqslant R_L \leqslant 20 \text{ k}\Omega$。

【例 2.5.4★】 TTL 门电路如图 2.2.14(a)所示。试根据图 2.2.14(b)所示输入波形图画出相应的输出 Y 的波形。

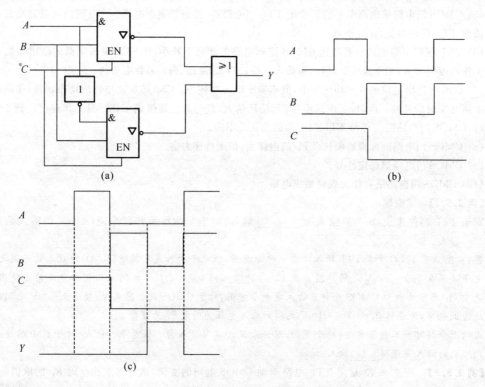

图 2.2.14

答:由图 2.2.14(a)可知,当 $C=0$ 时,$Y = \overline{AB} + \overline{A}B$;当 $C=1$ 时,$Y=0$。于是有:

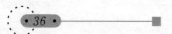

$$Y = (\overline{AB} + \overline{AB}) \overline{C} = \overline{AB} \cdot \overline{C}.$$

再结合图 2.2.14(c),得到 Y 的波形如图 2.2.14(c)所示。

【例 2.5.5】 写出图 2.2.15 所示电路的逻辑图(V_{CC}、V_{DD} 均为高电平)。

答:在分析 TTL 和 MOS 门电路的逻辑关系时,如果能把整个电路分成几个部分,每部分具有一个基本逻辑关系,然后把几个部分合起来,理出电路输入和输出之间的逻辑关系。

由图 2.2.15(a)可知:CMOS 传输门输出为 A,在与高电平 V_{DD} 进行同或,可得最后结果为 $Y_1 = A \odot 1 = A$。

由图 2.2.15(b)可知:本电路图的核心电路为二极管与门电路,A、B 与非后在于 C 的非相与,得到的结果在经过非门输出。因此可得最后结果为 $Y_2 = \overline{\overline{AB} \cdot \overline{C}} = \overline{AB} + C$。

由图 2.2.15(c)可知:当 $C = 0$ 时,T_1、T_2 管截止,$Y_3 = \overline{AB}$。

当 $C = 1$ 时,T_1、T_2 管导通,Y_3 呈高阻态。

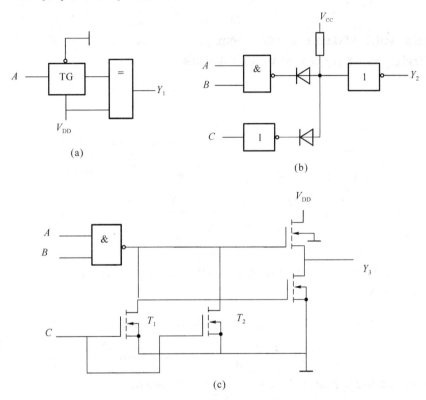

图 2.2.15

【例 2.5.6】 逻辑函数 $Y = \overline{\sum m(3,7,11,12,13,14,15)}$,用集电极开路门(OC 门)将其实现。

答:因为 OC 门能够实现的是"线与"功能,所以必须将逻辑函数写成"与"运算的形式。首先对 Y 的卡诺图,如图 2.2.16(a)所示进行化简,可得

$$Y = \overline{\sum m(3,7,11,12,13,14,15)} = \overline{AB + CD} = \overline{AB} \cdot \overline{CD}$$

用 OC 门实现此逻辑函数的电路图如图 2.2.16(b)所示。

【例 2.5.7★】 电路如图 2.2.17 所示。已知 TTL 门电路的开门电平 $U_{ON} = 1.8$ V,关门电平 $U_{OFF} = 0.8$ V,开门电阻 $R_{ON} = 2$ kΩ,关门电阻 $R_{OFF} = 0.8$ kΩ,输入低电平电流 $I_{IL} = 1.4$ mA,输入高电平电流 $I_{IH} = 0$,输出低电平 $U_{OL} = 0.3$ V,输出高电平 $U_{OH} = 3.6$ V,输入高电平 $U_{IL} = 3$ V,最大运行拉电流 $I_{OHmax} = 400$ μA;晶体管的 $\beta = 60$,$I_{CM} = 30$ mA,$U_{BE} = 0.7$ V。饱和时 $U_{CES} = 0.3$ V。输入 A,B,C 的高、低电平分别为 0 V 和 3 V。

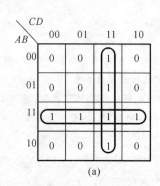

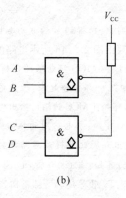

图 2.2.16

(1) 判断在 A、B、C 不同取值下,晶体管的工作状态。

(2) 试分析这一电路能否实现 $Y=\overline{(A+B)C}$ 的逻辑功能。

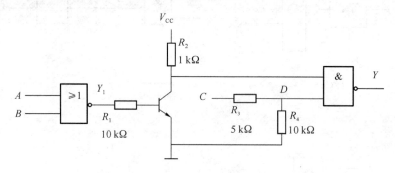

图 2.2.17

答:(1) 当输入 AB 分别为 01、10、11 时,由图可知,$Y_1=0$,晶体管截止,$Y=1$。

当输入 $AB=00$ 时,$Y_1=1$,这时有

$$I_B = \frac{U_{OH} - U_{BE}}{R_1} = 0.29 \text{ mA} < I_{OHmax}$$

$$I_{BS} = \frac{1}{\beta}\left(\frac{V_{CC} - U_{CES}}{R_2} + I_{IL}\right) = 0.1 \text{ mA}$$

由于 $I_B > I_{BS}$,晶体管处于饱和状态,因此 $Y=0.3$ V,即 $Y=A+B$。

(2) 当 $C=1$ 时,D 点的电位 $U_D = \frac{R_4}{R_3 + R_4} U_{IH} = 2$ V $> U_{ON}$,所以 $Y=\overline{A+B}$。

当 $C=0$ 时,$R_D = \frac{R_3 R_4}{R_3 + R_4} = 3.3$ k$\Omega > R_{ON}$,所以 $Y=\overline{A+B}$。

因此,该电路不能实现 $Y=\overline{(A+B)C}$ 的逻辑功能。

【例 2.5.8★】 试分析图 2.2.18(a)、(b)所示电路的逻辑功能,写出输出 Y 的逻辑表达式。

(假定 $V_{DD}=10$ V,二极管的正向导通压降 $U_D=0.7$ V)

答:由图 2.2.18(a)可知,3 个二极管实现的是与门的逻辑功能,其输出端 P 的逻辑表达式为 $P=CDE$,又 P 端接在非门的一个输入端,因此可得输出 Y 的逻辑表达式为

$$Y = \overline{A}\,\overline{B}\,\overline{CDE}$$

由图 2.2.18(b)可知,3 个二极管实现的是或门的逻辑功能,其输出端 P 的逻辑表达式为

$P=C+D+E$,又 P 端接在或非门的一个输入端,因此可得输出 Y 的逻辑表达式为

$$Y = \overline{A + B + C + D + E}$$

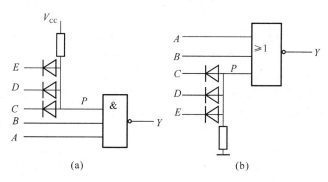

(a)　　　　　　　　　　(b)

图 2.2.18

【例 2.5.9】 MOS 门电路如图 2.2.19(a)所示,试写出各自输出端的逻辑表达式。

答: 在图 2.2.19(a)中,从电路结构中可见,变量 B 和 C 之间为"与"关系,输出为 BC,BC 和变量 E 之间又具有"或"关系,输出为 $BC + E$,$BC + E$ 和变量 A 之间关系也为"与"关系,输出为 $A(BC + E)$。变量 D 和 E 之间为"与"关系,输出为 DE。最终 $A(BC + E)$ 和 DE 之间为"或非"关系,输出为 Y。因此图 2.2.19 (a)的输出端逻辑表达式为

$$Y = \overline{A(BC + E) + DE}$$

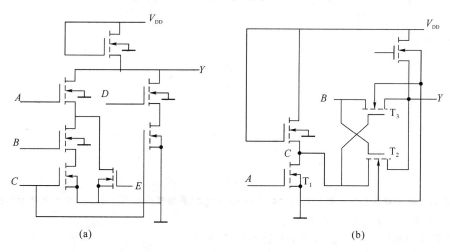

(a)　　　　　　　　　　(b)

图 2.2.19

分析图 2.2.19(b),根据其电路结构的特点,可采用列表分析电路中的器件的导通或截止,各点电位的方法。分析结构如表 2.2.6 所示。

表 2.2.6

A	B	T_1	C	T_2	T	Y
0	0	截止	1	截止	导通	0
0	1	截止	1	截止	截止	1
1	0	导通	0	截止	截止	1
1	1	导通	0	导通	截止	0

分析表 2.2.4,可得输出逻辑表达式为

$$Y = A \oplus B。$$

【例 2.5.10★】 TTL 门电路如图 2.2.20 所示。设 TTL 门电路的参数为 $U_{OH} = 3.6$ V,$U_{OL} = 0.3$ V,$U_{ON} = 1.4$ V,$U_{OFF} = 0.7$ V,$R_{OFF} = 0.7$ kΩ,$R_{ON} = 2$ kΩ,$U_{IH} = 3$ V,$U_{IL} = 0.3$ V。

(1) 试写出 $F_1 \sim F_5$ 的逻辑表达式和输出状态。

(2) 如果 $G_1 \sim G_5$ 均为 CMOS 门,则上题各电路的输出和 TTL 电路有何不同? 设 CMOS 门的参数为 $U_{OH} = 5$ V,$U_{OL} = 0$ V,$U_{IH} = 5$ V,$U_{IL} = 0$ V,$U_T = 2.5$ V,$U_{DD} = 5$ V。

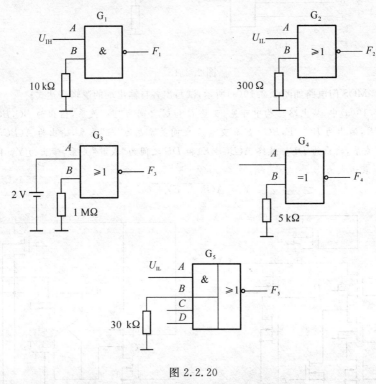

图 2.2.20

答:当门电路的输入端接前级同类门的输出或外接电源(其值不超过 U_{CC} 值)时,输入电压 U_i 的状态应根据具体门的电压传输特性参数来判断:

对于 TTL 门电路,由于 $U_{ON} = 1.4$ V,$U_{OFF} = 0.7$ V,因此:

$U_i \geq 1.4$ V 时为高电平输入,即为逻辑 1;

$U_i \leq 0.7$ V 时为低电平输入,即为逻辑 0。

对于 CMOS 电路,由于 $U_T \approx \frac{1}{2} U_{DD} = 2.5$ V,因此:

$U_i \geq 2.5$ V 时为高电平输入,即为逻辑 1;

$U_i < 2.5$ V 时为低电平输入,即为逻辑 0。

当门电路的输入端通过电阻接地时,应根据门电路器件的结构特点和输入负载特性来判断输入电压的状态:

对于 TTL 门电路来说,根据输入负载特性可知:

当 $R_i < R_{OFF}$ 时,$U_i < U_{OFF}$,所以此时输入电压相当于低电平输入,即为逻辑 0。

当 $R_i > R_{ON}$ 时,$U_i = 1.4$ V 不变,此时输入电压 $U_i = U_{ON}$,相当于高电平输入,即为逻辑 1。

对于 CMOS 门电路,由于栅极为绝缘栅,无栅流,若在栅极输入端接一电阻到地,实际相当于栅极为低电位,因此输入电压 U_i 相当于低电平输入。

根据以上分析,可得本题答案为

(1) 各电路为 TTL 门时

$$F_1 = \overline{A \cdot B} = \overline{1 \cdot 1} = 0$$
$$F_2 = \overline{A+B} = \overline{0+0} = 1$$
$$F_3 = \overline{A+B} = \overline{1+1} = 0$$
$$F_4 = A \oplus B = A \oplus 1 = \overline{A}$$
$$F_5 = \overline{AB + CD} = \overline{0 \cdot 1 + CD} = \overline{CD}$$

(2) 各电路为 CMOS 门时

$$F_1 = \overline{A \cdot B} = \overline{1 \cdot 0} = 1$$
$$F_2 = \overline{A+B} = \overline{0+0} = 1$$
$$F_3 = \overline{A+B} = \overline{0+0} = 1$$
$$F_4 = A \oplus B = A \oplus 0 = A$$
$$F_5 = \overline{AB + CD} = \overline{0 \cdot 0 + CD} = \overline{CD}$$

第3章

组合逻辑电路

【基本知识点】组合逻辑电路的基本分析方法和设计方法，编码器和译码器，数据选择器，加法器，数值比较器，组合逻辑电路中的竞争—冒险现象。

【重点】常用组合逻辑部件的功能特点，用中小规模器件设计组合逻辑电路。

【难点】多片集成芯片的组合应用。

3.1 答疑解惑

3.1.1 什么是逻辑电路？

逻辑电路通常分为组合逻辑电路和时序逻辑电路两大类。组合逻辑电路的功能特点是：任意时刻电路的输出只取决于该时刻的输入，而与电路过去的状态无关。电路结构的特点是：电路中无记忆单元，全部由门电路组成，从输出到各级门的输入端无反馈线。

常用组合逻辑功能电路主要包括：基本运算器电路、比较器电路、判奇偶电路、数据选择器、编码器电路、译码器电路和显示器电路。

3.1.2 如何进行组合逻辑电路的分析和设计？

1. 组合逻辑电路的分析

组合逻辑电路的分析，就是已知逻辑图，然后对该电路的逻辑功能进行分析，并用合适的方式表达出来。组合逻辑电路的分析步骤如下：

(1) 根据逻辑电路图写出输出逻辑函数表达式由输入端逐级向后推（或从输出向前推到输入）写出每个门的输出逻辑函数表达式，最后写出组合电路的输出与输入之间的逻辑表达式。

(2) 对写出的逻辑函数表达式进行逻辑化简。

对逻辑表达式用公式法或卡诺图化简法进行化简，得到最终的最简表达形式。

（3）列出电路的真值表。列出输入逻辑变量全部取值组合，求出对应的输出取值，列出真值表。

（4）根据逻辑函数式或真值表，说明电路的逻辑功能，并对功能进行描述。

即已知逻辑图→写逻辑式→运用逻辑代数化简→列逻辑状态表→分析逻辑功能。

同一个逻辑关系可有多种实现方案。为了提高电路工作的可靠性和经济性等，组合逻辑电路的设计通常以电路简单、所用器件最少为目标，但应避免所设计的组合逻辑电路发生竞争冒险，即因数字信号传递路径不同而使传输端在瞬间产生错误输出的现象。

2. 组合逻辑电路的设计

组合逻辑电路的设计，就是根据给出的实际逻辑问题，设计出能实现这一逻辑功能的最简组合逻辑电路。组合逻辑电路设计的一般步骤如下：

（1）根据给出的实际问题进行逻辑抽象，确定变量，并进行逻辑赋值；

（2）列出真值表；

（3）写出逻辑函数表达式，需要时采用代数法或卡诺图法进行化简；

（4）选择合适的器件实现逻辑功能，画出逻辑图。

组合电路的设计分为：SSI 设计和 MSI 设计，SSI 设计的基本单元电路为门电路，MSI 设计的基本单元电路为中规模集成电路。

一般说来，用 MSI 设计组合电路不像用 SSI 设计那样规范化。这种设计更多地是依靠对被设计的逻辑问题的功能和对各种常用组合电路部件的逻辑功能及其使用方法的深刻了解，在此基础上，利用逻辑思维和逻辑联想的方法去寻求设计的突破口，找出解决问题的思路和方法。用 MSI 设计组合逻辑电路的大致步骤如下：

（1）逻辑抽象，列出真值表；

（2）写出逻辑表达式；

（3）将得到的逻辑式与已知 MSI 器件的逻辑函数式对照比较，结果有以下 4 种可能：

① 与某种 MSI 的输出函数形式上完全相同，这时就用这种 MSI 直接实现。如用"2^n 选 1MUX"实现 $n+1$ 变量以下的逻辑函数即属这种情况。

② 输入端数或功能是某种 MSI 输出函数的子集，这时也可用这种 MSI 实现，但需对多余输入端作适当处理。

③ MSI 的函数式是要产生的函数式的一部分，这时可通过扩展的办法或附加少量其他电路来实现所要求的功能。

④ 与所知或可用的 MSI 的函数功能基本上无共同之处，则只好另想办法，或用 SSI 设计。

根据逻辑函数式对照比较的结果，即可确定可以采用的器件和所用器件各输入端应接入的变量或常量（1 或 0），以及各片之间的连接方式。

（4）按照上面对照比较的结果，画出设计的逻辑电路图。

用中规模集成器件设计组合逻辑电路，使设计工作量大大减少，同时还可避免或减少设计中引起的错误。中规模集成器件构成的组合：电路体积小、连线少，大大提高了电路的可靠性。

3.1.3 什么是竞争-冒险现象?

1. 竞争现象

在组合逻辑电路中,若某个输入变量通过两条或两条以上的途径到达输出端,由于每条路径上的延迟时间不同,因而不能同时到达输出端,即存在时差,这种现象称为竞争。这种多路径的变量称为具有竞争力的变量。

在图 3.1.1(a)中,变量 B 通过两条路径到达输出级,一条通过 G_2 到达 G_4,另一条通过 G_1,G_3 到达 G_4,故 B 是具有竞争力的变量。而 A、C 仅经过一条路径到达 G_4,因而 A、C 是无竞争能力的变量。

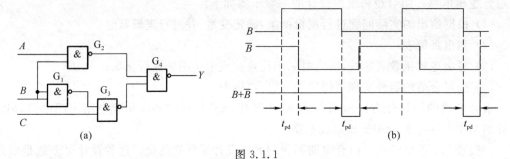

图 3.1.1

大多数组合逻辑电路均存在竞争,有的竞争不会带来不良影响,有的竞争却会导致逻辑错误。

2. 冒险现象

由于竞争而在电路输出端产生尖峰脉冲的现象称为冒险现象,简称险象。

在组合电路中,竞争现象发生在从一种稳态到另一稳态的变化过程中。因此,竞争是动态现象,而逻辑函数式和真值表所描述的是静态关系,当某个变量发生变化时,如果真值表所描述的关系受到短暂的破坏并在输出端出现不应有的尖脉冲,即毛刺,则说明出现了险象。当暂态结束后,又恢复正常的逻辑关系。

根据尖脉冲的极性,冒险可分为偏"1"冒险和偏"0"冒险。

(1) 偏"1"冒险(即输出负脉冲)。假定每个门的延迟时间均相同,在图 3.1.1(a)中,其输出逻辑表达式为

$$Y = AB + \overline{B}C$$

当 $A=C=1$ 时,输出可简化为

$$Y = B + \overline{B}$$

在静态时,不论 B 取何值,输出 Y 恒为 1。但当 B 由 1 跃变为 0 的过程中,由于各条路径的延迟时间不同,电路的输出端将产生宽度为 t_{pd} 的负尖峰脉冲,即偏"1"负脉冲,如图 3.1.1(b)所示。图中 t_{pd} 是每个门的平均传输延迟时间。B 变化不一定都产生冒险,如 B 由 0 变 1 时,就无冒险存在。

(2) 偏"0"冒险(即输出正脉冲)。假定每个门的延迟时间均相同,在图 3.1.2 中,其输出逻辑表达式为

$$Y = (A + B)(\overline{B} + C)$$

当 $A=C=0$ 时,输出可简化为

$$Y = B\,\overline{B}$$

在静态时,不论 B 取何值,输出 Y 恒为 0。但当 B 由 0 跃变为 1 的过程中,由于各条路径的延迟时间不同,电路的输出端将产生宽度为 t_{pd} 的正尖峰脉冲,即偏"0"负脉冲,如图 3.1.3 所示。

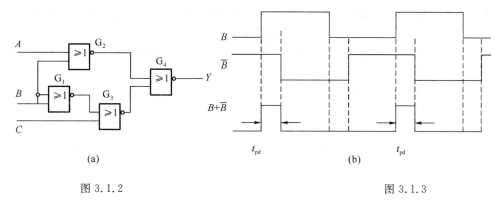

(a)

图 3.1.2

(b)

图 3.1.3

如果用存在险象的电路来驱动对尖峰脉冲敏感的电路,将会引起电路的误动作,因此,在设计电路时应及早并消除此现象。

3. 消除险象的方法

消除冒险现象的常用方法有

(1) 修改逻辑设计,增加冗余项以消除冒险现象;

(2) 接入滤波电容,消弱尖峰脉冲幅度;

(3) 引入选通脉冲,控制输出级门电路,避免出现尖峰脉冲。

3.1.4　什么是编码器?

用二进制数(0 和 1)按一定规则组成的代码表示特定的对象(数字和文字符号等)的过程,称为编码。具有编码功能的逻辑电路称为编码器。编码器是一种多输入、多输出的组合逻辑电路,常用的有二进制编码器、8421 编码器和优先编码器等。

1. 二进制编码器

实现二进制编码的逻辑电路称为二进制编码器。图 3.1.4 是用与非门构成的二进制编码器。

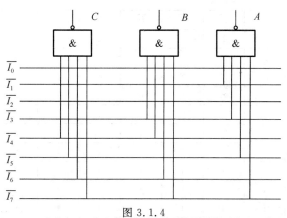

图 3.1.4

(1) 输入输出逻辑表达式为

$$A = \overline{\overline{I_1}\,\overline{I_3}\,\overline{I_5}\,\overline{I_7}}\,;\, B = \overline{\overline{I_2}\,\overline{I_3}\,\overline{I_6}\,\overline{I_7}}\,;\, C = \overline{\overline{I_4}\,\overline{I_5}\,\overline{I_6}\,\overline{I_7}}$$

(2) 这种编码器的输入逻辑变量 $\overline{I_0}$、$\overline{I_1}$、$\cdots$、$\overline{I_7}$，是有约束的，即任何时刻只能有一个被编对象有输入，其他均不能有输入。列真值表时，不必列出输入逻辑变量所有可能取值的组合，而是根据它们之间的约束关系，列出其简化真值表。列出真值表如表 3.1.1 所示。

表 3.1.1

输 入								输 出		
$\overline{I_0}$	$\overline{I_1}$	$\overline{I_2}$	$\overline{I_3}$	$\overline{I_4}$	$\overline{I_5}$	$\overline{I_6}$	$\overline{I_7}$	C	B	A
0	1	1	1	1	1	1	1	0	0	0
1	0	1	1	1	1	1	1	0	0	1
1	1	0	1	1	1	1	1	0	1	0
1	1	1	0	1	1	1	1	0	1	1
1	1	1	1	0	1	1	1	1	0	0
1	1	1	1	1	0	1	1	1	0	1
1	1	1	1	1	1	0	1	1	1	0
1	1	1	1	1	1	1	0	1	1	1

(3) 由真值表可见，此编码器输入有 8 路被编对象，输出为 3 位二进制代码。所以称之为 3-8 线译码器，或者称为 3 位二进制编码器。

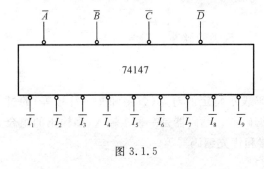

图 3.1.5

2. 优先编码器

优先编码器在设计时就安排好了输入信号的优先顺序，因此，当有几个被编对象同时输入时，只对优先权最高的一个进行编码。这就克服了普通编码器的缺点，即当若干被编对象同时输入时，输出将对发生混乱。图 3.1.5 给出了二—十进制优先编码器 74147 的框图。

其真值表如表 3.1.2 所示。

表 3.1.2

输 入									输 出			
$\overline{I_1}$	$\overline{I_2}$	$\overline{I_3}$	$\overline{I_4}$	$\overline{I_5}$	$\overline{I_6}$	$\overline{I_7}$	$\overline{I_8}$	$\overline{I_9}$	$\overline{D}$	$\overline{C}$	B	$\overline{A}$
1	1	1	1	1	1	1	1	1	1	1	1	1
×	×	×	×	×	×	×	×	0	0	1	1	0
×	×	×	×	×	×	×	0	1	0	1	1	1
×	×	×	×	×	×	0	1	1	1	0	0	0
×	×	×	×	×	0	1	1	1	1	0	0	1
×	×	×	×	0	1	1	1	1	1	0	1	0
×	×	×	0	1	1	1	1	1	1	0	1	1
×	×	0	1	1	1	1	1	1	1	1	0	0
×	0	1	1	1	1	1	1	1	1	1	0	1
0	1	1	1	1	1	1	1	1	1	1	1	0

3.1.5 什么是译码器？

1. 二进制译码器

译码是编码的逆过程。译码器的功能就是把每个输入的二进制码"译成"对应的输出高、低电平信号,以表示它的特定含义。常用的译码器有二进制译码器、二—十进制译码器以及显示译码器等。

图 3.1.6 是中规模集成译码器 74LS138 的逻辑图。这是一种典型的二进制译码器,由于有 3 个输入端和 8 个输出端,因而又称为 3-8 线译码器,简称 3-8 译码器。其逻辑符号如图 3.1.7 所示。

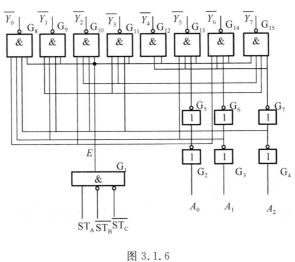

图 3.1.6

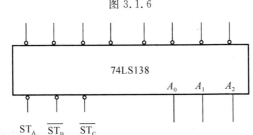

图 3.1.7

它由 3 个二进制代码输入端 A_2、A_1、A_0,6 个反相器 $G_2 \sim G_7$ 组成输入缓冲级,形成 A_2、A_1、A_0 互补信号,以减轻对前级电路的影响。当控制输入端 $ST_A = 1$,$\overline{ST_B} = \overline{ST_C} = 0$ 时,输入控制门 G_1 的输出 $E = 1$,译码器被选通,译码器处于工作状态,由输入变量 A_2、A_1、A_0 决定 $\overline{Y_7} \sim \overline{Y_0}$ 的状态(高低电平)。当 $E = 0$,$\overline{Y_7} \sim \overline{Y_0}$ 均为 1(高电平),封锁了译码器的输出,译码器处于禁止状态。

当 $E = 1$ 时,译码器处于工作状态时,其输出逻辑表达式为

$$\overline{Y_0} = \overline{\overline{A_2}\,\overline{A_1}\,\overline{A_0}} = \overline{m_0} \qquad\qquad \overline{Y_1} = \overline{\overline{A_2}\,\overline{A_1}A_0} = \overline{m_1}$$

$$\overline{Y_2} = \overline{\overline{A_2}A_1\,\overline{A_0}} = \overline{m_2} \qquad\qquad \overline{Y_3} = \overline{\overline{A_2}A_1A_0} = \overline{m_3}$$

$$\overline{Y_4} = \overline{A_2\,\overline{A_1}\,\overline{A_0}} = \overline{m_4} \qquad\qquad \overline{Y_5} = \overline{A_2\,\overline{A_1}A_0} = \overline{m_5}$$

$$\overline{Y_6} = \overline{A_2 A_1 \overline{A_0}} = \overline{m_6} \qquad\qquad \overline{Y_7} = \overline{A_2 A_1 A_0} = \overline{m_7}$$

其真值表如表 3.1.3 所示。

表 3.1.3

控制输入		译码输出			输　出							
ST_A	$\overline{ST_B}+\overline{ST_C}$	A_2	A_1	A_0	$\overline{Y_0}$	$\overline{Y_1}$	$\overline{Y_2}$	$\overline{Y_3}$	$\overline{Y_4}$	$\overline{Y_5}$	$\overline{Y_6}$	$\overline{Y_7}$
×	1	×	×	×	1	1	1	1	1	1	1	1
0	×	×	×	×	1	1	1	1	1	1	1	1
1	0	0	0	0	0	1	1	1	1	1	1	1
1	0	0	0	1	1	0	1	1	1	1	1	1
1	0	0	1	0	1	1	0	1	1	1	1	1
1	0	0	1	1	1	1	1	0	1	1	1	1
1	0	1	0	0	1	1	1	1	0	1	1	1
1	0	1	0	1	1	1	1	1	1	0	1	1
1	0	1	1	0	1	1	1	1	1	1	0	1
1	0	1	1	1	1	1	1	1	1	1	1	1

由真值表可见，当控制输入信号 $ST_A=0$ 或者 $\overline{ST_B}+\overline{ST_C}=1$ 时，译码器被禁止，无论 A_2、A_1、A_0 状态如何，译码器输出全为 1，表示无译码输出。当 $ST_A=1$ 或者 $\overline{ST_B}+\overline{ST_C}=0$ 时，译码器处于工作状态。A_2、A_1、A_0 输入 3 位二进制代码，输出为对应的 8 路高、低电平信号。所以具有译码的逻辑功能。

2. BCD-七段显示译码器

在数字式仪表和各种数字系统中，为了能把数字量直观地用十进制数码显示出来，常用七段数码管来显示。

七段数码管的分段布置图如图 3.1.8 所示，它有 7 个发光段，发光段可以是发光二极管（LED 数码管）、液晶（称为液晶数码管）、荧光材料（称为荧光数码管），或其他能发光的器件。如果是 LED 数码管，则每段为一个发光二极管，当加上适当的电压时，对应段就发光。

七段数码管的内部接法有共阳极和共阴极两种接发，如图 3.1.9 和图 3.1.10 所示。

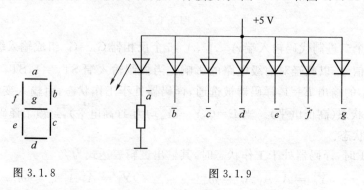

图 3.1.8　　　　　　　　　　　　图 3.1.9

图 3.1.9 为共阳极接法，当二极管阴极经过串联的限流电阻接低电平时，该管发亮，接高电平不亮。图 3.1.10 为共阴极接法，当二极管阳极经过限流电阻接高电平（+5 V）时该

管发亮。

图 3.1.11 为 BCD–七段显示译码器 74LS47 的逻辑符号框图,其输出逻辑表达如下所示:

$$\overline{a} = A_2\,\overline{A_0} + \overline{A_3}\,\overline{A_2}\,A_1 A_0 + A_3 A_1$$

$$\overline{b} = A_2 A_1\,\overline{A_0} + A_2\,\overline{A_1}\,A_0 + A_3 A_1$$

$$\overline{c} = \overline{A_2}\,A_1\,\overline{A_0} + A_3 A_2$$

$$\overline{d} = A_2\,\overline{A_1}\,\overline{A_0} + \overline{A_2}\,\overline{A_1}\,A_0 + A_2 A_1 A_0$$

$$\overline{e} = A_0 + A_2\,\overline{A_1}$$

$$\overline{f} = A_1 A_0 + \overline{A_3}\,\overline{A_2}\,A_0 + \overline{A_2}\,A_1$$

$$\overline{g} = A_2 A_1 A_0 + \overline{A_3}\,\overline{A_2}\,\overline{A_1}\,\overline{LT}$$

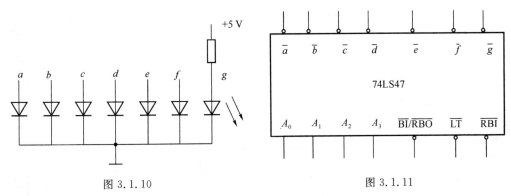

图 3.1.10　　　　　　　　　　　　　　图 3.1.11

其真值表如表 3.1.4 所示。

表 3.1.4

十进制数字或功能	输　入							输　出							字形
	$\overline{LT}$	$\overline{RBI}$	A_3	A_2	A_1	A_0	$\overline{BI/RBC}$	$\overline{a}$	$\overline{b}$	$\overline{c}$	$\overline{d}$	$\overline{e}$	$\overline{f}$	$\overline{g}$	
0	1	1	0	0	0	0	1	0	0	0	0	0	0	01	0
1	1	×	0	0	0	1	1	1	0	0	1	1	1	1	1
2	1	×	0	0	1	0	1	0	0	1	0	0	1	0	2
3	1	×	0	0	1	1	1	0	0	0	0	1	1	0	3
4	1	×	0	1	0	0	1	1	0	0	1	1	0	0	4
5	1	×	0	1	0	1	1	0	1	0	0	1	0	0	5
6	1	×	0	1	1	0	1	1	1	0	0	0	0	0	6

十进制数字或功能	输入							输出							字形
	$\overline{LT}$	$\overline{RBI}$	A_3	A_2	A_1	A_0	$\overline{BI}/\overline{RBC}$	$\overline{a}$	$\overline{b}$	$\overline{c}$	$\overline{d}$	$\overline{e}$	$\overline{f}$	$\overline{g}$	
7	1	×	0	1	1	1	1	0	0	0	1	1	1	1	7
8	1	×	1	0	0	0	1	0	0	0	0	0	0	0	8
9	1	×	1	0	0	1	1	0	0	0	1	1	0	0	9
10	1	×	1	0	1	0	1	1	1	1	0	0	1	0	
11	1	×	1	0	1	1	1	1	1	1	1	0	1	0	
12	1	×	1	1	0	0	1	1	0	1	1	1	0	0	
13	1	×	1	1	0	1	1	1	1	1	0	1	0	0	
14	1	×	1	1	1	0	1	1	1	1	0	0	0	0	
15	1	×	1	1	1	1	1	1	1	1	1	1	1	1	熄灭
$\overline{BI}$	×	×	×	×	×	×	0	1	1	1	1	1	1	1	熄灭
$\overline{RBI}$	1	0	0	0	0	0	0	1	1	1	1	1	1	1	熄灭
$\overline{LT}$	0	×	×	×	×	×	1	0	0	0	0	0	0	0	8

由表 3.1.3 可见,该电路接受 4 位 BCD 码 A_3、A_2、A_1、A_0 输入,并根据辅助控制信号的状态,将 BCD 码译成能驱动七段数码管的 7 段码 $\overline{a} \sim \overline{g}$。因此称它为 BCD-七段显示译码器。表中字段为 0 表示亮,1 表示灭。

3.1.6 什么是数据选择器(MUX)?

数据选择器又称多路选择器,其功能是能从多个数据通道中,按要求选择其中某一个通道的数据,并传送到输出通道中。常用的产品有双四选一数据选择器(74LS153)、八选一数据选择器(74LS151)、十六选一数据选择器(74LS150)等。

图 3.1.12 所示为中规模双 4 选 1 数据选择器 74LS253 的逻辑符号框图,它由两个完全

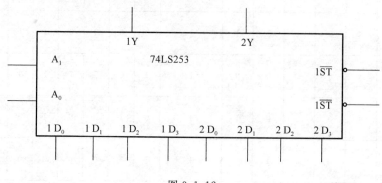

图 3.1.12

相同的 4 选 1 数据选择器构成。A_1、A_0 为共用选择输入端，$1\overline{ST}$ 和 $2\overline{ST}$ 分别为其选通输入端。当其选通输入端"使能"，即 $1\overline{ST} = 2\overline{ST} = 0$ 时

$$1Y = 1D_0\,\overline{A_1}\,\overline{A_0} + 1D_1\,\overline{A_1}A_0 + 1D_2A_1A_0 + 1D_3A_1AS_0$$

$$2Y = 2D_0\,\overline{A_1}\,\overline{A_0} + 2D_1\,\overline{A_1}A_0 + 2D_2A_1A_0 + 2D_3A_1AS_0$$

其功能表如表 3.1.5 所示。

表 3.1.5

输　入				输出
选通	地址		数据	
$\overline{ST}$	A_1	A_0	D_1	Y
1	$\times$	$\times$	$\times$	(Z)
0	0	0	$D_0 \sim D_3$	D_0
0	0	1	$D_0 \sim D_3$	D_1
0	1	0	$D_0 \sim D_3$	D_2
0	1	1	$D_0 \sim D_3$	D_3

由功能表可见，当 $\overline{ST} = 1$ 时，选择器被禁止，输出为高电阻态（表中用 Z 表示）。当 $\overline{ST} = 0$ 时，选择器工作，把与地址码相对应的一路数据选送至输出端。因此，选通输入信号 $\overline{ST}$ 决定了选择器的工作状态。74LS253 是具有三态输出的双 4 选 1 数据选择器。A_1A_0 的状态决定了与－或门中哪个与门被接通，因此 A_1A_0 又称"地址"输入。由上述分析可见，n 位地址可选择 2^n 路数据。

3.1.7　什么是数据分配器（DMUX）？

数据分配器又称做多路分配器。其作用与多路选择器相反，它可以把一个通道中传来的信息，按地址分配到不同的数据通道中去。

多路分配器可以直接用译码器来实现。图 3.1.13 为由 74LS138 构成的数据分配器，通常将 ST_A 接高电平，$\overline{ST_B}$ 和 $\overline{ST_C}$ 并联做"数据"输入端，或者将 $\overline{ST_B}$ 和 $\overline{ST_C}$ 接地，ST_A 做"数据"输入端，A_2、A_1、A_0 做"地址"输入端。

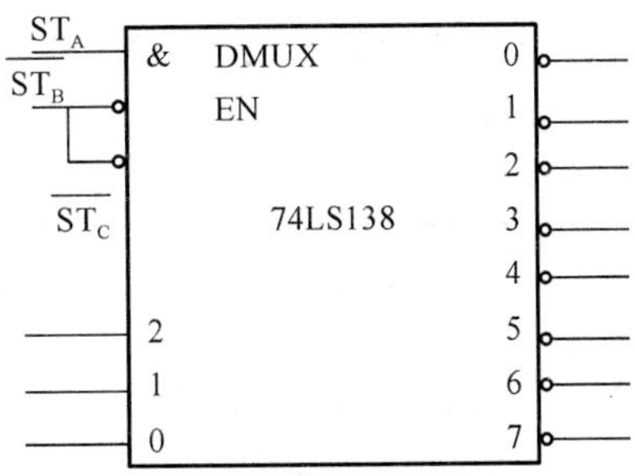

3.1.8　什么是加法器？

加法器是执行算术运算的逻辑部件。

1. 1 位加法器

半加器：不考虑来自低位的进位，将两个 1 位的二进制数相加。其真值表，电路结构和逻辑符号分别如表 3.1.6 和如图 3.1.14 所示。

由图可知半加器完成的逻辑功能为

$$S = \overline{A}B + A\overline{B} = A \oplus B$$
$$CO = AB$$

图 3.1.13

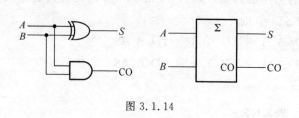

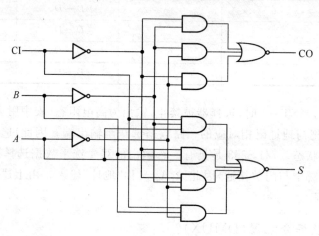

表 3.1.6

输入		输出	
A	B	S	CO
0	0	0	0
0	1	1	0
1	0	1	0
1	1	0	1

图 3.1.14

全加器:将两个1位二进制数及来自低位的进位相加。其真值表和电路结构分别如表 3.1.7 和如图 3.1.15 所示。

由图可知全加器完成的逻辑功能为

$$S = \overline{\overline{A}\,\overline{B}\,\overline{CI} + \overline{A}BCI + A\,\overline{B}\,CI + AB\,\overline{CI}}$$
$$CO = \overline{\overline{A}\,\overline{B} + \overline{B}\,\overline{CI} + \overline{A}\,\overline{CI}}$$

图 3.1.15

2. 多位加法器

串行进位加法器:其电路结构图如图 3.1.16 所示,电路优点是简单,层次化设计。缺点是延时大。由电路结构图可知,多位加法器输入与输出的逻辑关系式为

$$(CI)_i = (CO)_{i-1}, \quad S_i = A_i \oplus B_i \oplus (CI)_i, \quad (CO)_i = A_i B_i + (A_i + B_i)(CI)_i$$

表 3.1.7

输　入			输　出	
A	B	CI	S	CO
0	0	0	0	0
0	0	1	1	0
0	1	0	1	0
0	1	1	0	1
1	0	0	1	0
1	0	1	0	1
1	1	0	0	1
1	1	1	1	1

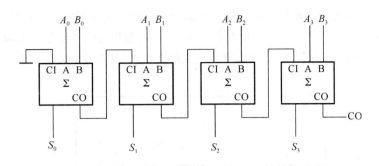

图 3.1.16

超前进位加法器:基本原理是加到第 i 位的进位输入信号是两个加数第 i 位以前各位 $(0\sim j-1)$ 的函数,可在相加前由 A、B 两数确定。电路优点是快,每 1 位的和及最后的进位基本同时产生。缺点是电路复杂。

3.1.9 什么是数据比较器?

在数字计算机和数字系统中,经常需要比较两个数字的大小,具有这种功能的逻辑电路即称为数值比较器。

1. 1 位数值比较器

1 位数值比较器是对两个二进制数的数值大小进行比较,比较结果有三种:

$$A > B(A = 1, B = 0) \quad Y_{(A>B)} = A\overline{B}$$
$$A < B(A = 0, B = 1) \quad Y_{(A<B)} = \overline{A}B$$
$$A = B(A, B \text{ 同为 0 或 1}) \quad Y_{(A=B)} = A\Theta B$$

其电路结构图如图 3.1.17 所示。真值表如表 3.1.8 所示。

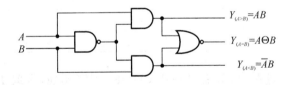

图 3.1.17

表 **3.1.8**

输 入		输 出		
A	B	$Y_{A>B}$	$Y_{A=B}$	$Y_{A<B}$
0	0	0	1	0
0	1	0	0	1
1	0	1	0	0
1	1	0	1	0

2. 多位数值比较器

对两个多位数的数值进行比较时,应从高位到低位逐位进行比较,当高位相等时,需要比较低位来决定两个数的大小。

图 3.1.18 所示为中规模集成 4 位数字比较器 CD4585 的逻辑框图。图中 $Y_{A>B}$，$Y_{A=B}$ 和 $Y_{A<B}$ 为比较结果输出端，$A_3A_2A_1A_0$ 和 $B_3B_2B_1B_0$ 为两组相比较的 4 位数输入端，$I_{A>B}$，$I_{A=B}$ 和 $I_{A<B}$ 为级联输入端，当 4 位以上数字比较时，供片间连接用，其真值表如表 3.1.9 所示。

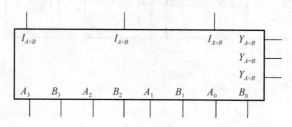

图 3.1.18

表 3.1.9

比较输入								级联输入			输 出		
A_3	B_3	A_2	B_2	A_1	B_1	A_0	B_0	$I_{A<B}$	$I_{A=B}$	$I_{A>B}$	$Y_{A<B}$	$Y_{A=B}$	$Y_{A>B}$
$A_3>B_3$		×		×		×		×	×	1	0	0	1
$A_3=B_3$		$A_2>B_2$		×		×		×	×	1	1	0	1
$A_3=B_3$		$A_2=B_2$		$A_1>B_1$		×		×	×	1	0	0	1
$A_3=B_3$		$A_2=B_2$		$A_1=B_1$		$A_0>B_0$		×	×	1	0	0	1
$A_3=B_3$		$A_2=B_2$		$A_1=B_1$		$A_0=B_0$		0	0	1	0	0	1
$A_3=B_3$		$A_2=B_2$		$A_1=B_1$		$A_0=B_0$		0	1	0	0	1	0
$A_3=B_3$		$A_2=B_2$		$A_1=B_1$		$A_0=B_0$		1	0	0	1	0	0
$A_3=B_3$		$A_2=B_2$		$A_1<B_1$		$A_0<B_0$		×	×	×	1	0	0
$A_3=B_3$		$A_2=B_2$		$A_1<B_1$		×		×	×	×	1	0	0
$A_3=B_3$		$A_2<B_2$		×		×		×	×	×	1	0	0
$A_3<B_3$		×		×		×		×	×	×	1	0	0

若比较两组 4 位二进制时，只需要一块 CD4585 即可实现，应取 $I_{A<B}=0$，$I_{A=B}=1$ 和 $I_{A>B}=1$。在比较两个 4 位以上的二进制时，可通过级联输入端扩充为多位比较电路。在进行级联扩展时，只要将相邻低位片的 $Y_{A<B}$ 和 $Y_{A=B}$ 分别接到相邻高位片的 $I_{A<B}$ 和 $I_{A=B}$ 并取 $I_{A>B}=1$，最高位片的输出就是最终的比较结果。最低位片的级联输入端仍按前述单片应用时的相同方式处理，即把 $I_{A<B}$ 接低电平，$I_{A=B}$ 和 $I_{A>B}$ 接高电平。

典型题解　　　　　　　　　　　　　　　　　　　　　组合逻辑电路

3.2 典型题解

题型 1　组合逻辑电路分析和设计

【例 3.1.1】 试分析图 3.2.1 所示电路的逻辑功能。

答：由电路图可写出输入输出逻辑关系表达式为

$$Y = \overline{A}\,\overline{B}C + \overline{A}B\,\overline{C} + A\,\overline{B}\,\overline{C} + ABC$$

列出电路真值表如表 3.2.1 所示。

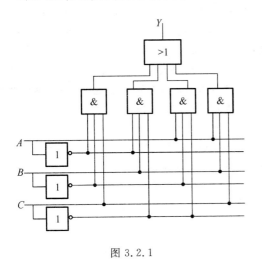

图 3.2.1

表 3.2.1

A	B	C	Y
0	0	0	0
0	0	1	1
0	1	0	1
0	1	1	0
1	0	0	1
1	0	1	0
1	1	0	0
1	1	1	1

由真值表分析,该电路是一个检测 1 的个数的奇偶判别电路。

【例 3.1.2】 假定已知电路的工作波形如图 3.2.2 所示,试用门电路实现输出函数 Y。

答:由波形图可列出此电路的真值表如表 3.2.2 所示。

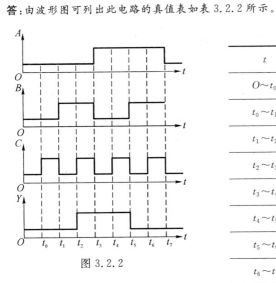

图 3.2.2

表 3.2.2

t	A	B	C	Y
$O \sim t_0$	0	0	0	0
$t_0 \sim t_1$	0	0	1	0
$t_1 \sim t_2$	0	1	0	0
$t_2 \sim t_3$	0	1	1	1
$t_3 \sim t_4$	1	0	0	1
$t_4 \sim t_5$	1	0	1	0
$t_5 \sim t_6$	1	1	0	0
$t_6 \sim t_7$	1	1	1	0

由真值表可推得输入输出的逻辑表达式为

$$Y = \overline{A}BC + A\overline{B}\,\overline{C} + A\overline{B}C = \overline{A}BC + A\overline{B}$$

根据表达式实现电路图如图 3.2.3 所示。

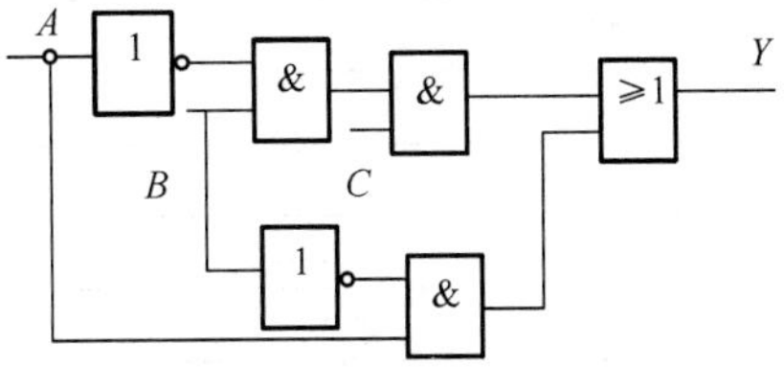

【例 3.1.3★】 图 3.2.4 是一个多功能函数发生器电路。设图中 $V_{CC} = 5$ V,R 取合适值,试写出 $S_3 S_2 S_1 S_0$ 从 0000~1111 共 16 种不同状态时,输出 Y 的逻辑表达式。

图 3.2.3

答:本题在 S_3、S_2、S_1 和 S_0 控制信号选通作用下,传送 A、B 数据。由于 S_3、S_2、S_1 和 S_0 共有 16 种取值组合,因此输出 Y 对应有 16 种函数关系,从而构成多功能函数发生器。

根据逻辑图可写出输出 Y 的函数表达式为

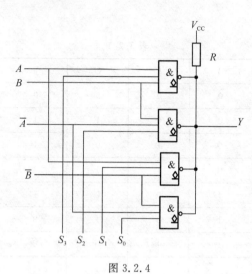

图 3.2.4

$$Y = \overline{ABS_3 + \overline{AB}S_2 + A\overline{B}S_1 + \overline{A}\,\overline{B}S_0}$$

根据 Y 的表达式可列出 $S_3 S_2 S_1 S_0$ 从 0000~1111 时逻辑输出的真值表，并由此推出相应的输出表达式。其最终结果如表 3.2.3 所示。

本例通过 S_3、S_2、S_1 和 S_0 的选通作用，给出了由 A、B 两个变量组成的全部 16 个逻辑函数。通常若有 n 个逻辑变量则可组成 $2n$ 个逻辑函数。本例解题的关键在于正确地理解题意，分清输入端 S_3、S_2、S_1、S_0、A、B 共 6 个变量之间的关系，哪些是选通信号，哪些是传送的有效数据。容易出错的地方是将电路作为具有 6 个输入变量的关系来处理，从而得不出正确的结果。

表 3.2.3

$S_3 S_2 S_1 S_0$	Y	$S_3 S_2 S_1 S_0$	Y	$S_3 S_2 S_1 S_0$	Y	$S_3 S_2 S_1 S_0$	Y
0000	1	0100	$A+B$	1000	$\overline{A}+\overline{B}$	1100	B
0001	$A+B$	0101	A	1001	$A\oplus B$	1101	$A\overline{B}$
0010	$A+B$	0110	$A\odot B$	1010	A	1110	$\overline{A+B}$
0011	B	0111	AB	1011	$\overline{AB}$	1111	0

【例 3.1.4★】 试设计一个路灯控制逻辑电路，要求在 4 个不同的地方都能独立地控制路灯的亮灭。

答：一般组合逻辑电路设计过程可归纳为：由给定问题列出真值表，再求得简化的逻辑表达式，再根据表达式画出逻辑电路。

设该逻辑电路 4 个输入变量为 A、B、C 和 D，接入高电平（+5 V）作为逻辑"1"，接入低电平（"地"）作为逻辑"0"。逻辑电路输出端 L，接一指示灯模拟所控制的路灯，输出高电平（逻辑"1"）时指示灯亮，输出低电平（逻辑"0"）时指示灯灭。

（1）采用 A、B、C 和 D 4 个逻辑变量建立一个四变量真值表，根据逻辑控制要求在真值表区输出变量列中填入相应逻辑值，如表 3.2.4 所示。

表 3.2.4

输 入	输 出	输 入	输 出
$ABCD$	L	$ABCD$	L
0000	0	1000	1
0001	1	1001	0
0010	1	1010	0
0011	0	1011	1
0100	1	1100	0
0101	0	1101	1
0110	0	1110	1
0111	1	1111	0

（2）化简。用卡诺图化简法化简，如图 3.2.5 所示。

（3）根据卡诺图写出化简后的逻辑表达式。

$$Y = \overline{A}\,\overline{B}\,\overline{C}D + \overline{A}\,\overline{B}\,C\overline{D} + \overline{A}BC\overline{D} + \overline{A}BCD + A\overline{B}CD + AB\overline{C}D + ABCD$$

（4）根据化简后的逻辑表达式画出逻辑电路图如图 3.2.6 所示。

【例 3.1.5★】 分析图 3.2.7 所示电路中，当 A、B、C、D 只有 1 个改变状态时，是否存在竞争-冒险现象。如果存在，发生在变量为何种取值的情况下。

答：竞争冒险的判断有两种：代数法与卡诺图法。

• **代数法**：与或组合形式时，一个输入变量的相反变化可能引起险象，如 $A\overline{A}$，$A + \overline{A}$。

L ＼ CD AB	00	01	11	10
00	0	1	0	1
01	1	0	1	0
11	1	0	1	0
10	0	1	0	1

图 3.2.5

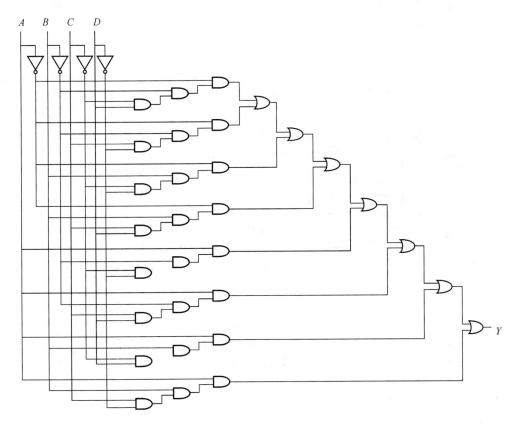

图 3.2.6

• **卡诺图法**：如函数卡诺图上为简化作的圈相切，且相切处又无其他圈包含，则可能有险象。

消除竞争冒险的主要方法有：

（1）引入封锁脉冲

在输入信号转换前到达，转换后消失（低电平），如图 3.2.8 所示。

（2）引入滤波电容

尖峰脉冲通过电容到地（旁路）

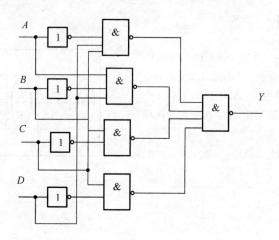

图 3.2.7

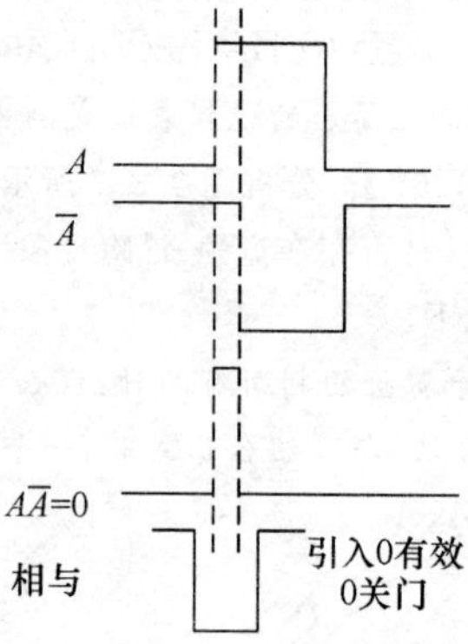

图 3.2.8

$A\overline{A}=0$

相与

引入0有效
0关门

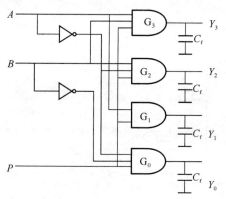

图 3.2.9

由于竞争冒险而产生的尖峰脉冲一般都很窄（多在几十纳秒以内），所以只要在输出端并接一个很小的滤波电容 C_f，如图 3.2.9 所示，就足以把尖峰脉冲的幅度削弱至门电路的阈值电压以下。在 TTL 电路中，C_f 的数值通常在几十至几百皮法的范围内。

这种方法的优点是简单易行，而缺点是增加了输出电压波形的上升时间和下降时间，使波形变坏。

（3）采用可靠性编码

如格雷码（每次只用一个输入端改变）

（4）修改逻辑设计

增加冗余项（加上多余的项），如

$$Y = \overline{A}B + AC = \overline{A}B + AC + BC$$

当 $B=C=1$ 时

$$Y = A + \overline{A} + 1$$

本题首先根据电路结构图写出 Y 的表达式。可得输出表达式为

$$Y = \overline{A}CD + A\overline{B}D + B\overline{C} + C\overline{D}$$

由上式可得出如下结论：

当 $B=0，C=D=1$ 时，$Y=\overline{A}+A$；

当 $A=D=1，C=0$ 时，$Y=\overline{B}+B$；

当 $B=1、D=0$ 或 $A=0，B=D=1$ 时，$Y=\overline{C}+C$；

当 $A=0，C=1$ 或 $A=C=1，B=1$ 时，$Y=\overline{D}+D$。

出现上述情况时，存在竞争—冒险现象。

【例 3.1.6】 试设计一多功能组合逻辑电路。其示意图如图 3.1.10 所示，其中 $A、B$ 为数据输入端，$S_1、S_2$ 是功能选择输入端，Y 为其输出端，其功能如表 3.2.5 所示。要求要与非门实现此逻辑电路。

答：本题给出了多功能组合逻辑电路的框图及功能表，要求用与非设计逻辑电路。设计步骤如下：

（1）由功能表列出真值表，如表 3.2.6 所示；

（2）由真值表画出卡诺图，如图 3.2.11 所示，并进行化简，求出符合例题要求的最简表达式。

$$Y = \overline{S_2}\,\overline{S_1}B + \overline{S_2}\,\overline{S_1}A + \overline{S_1}AB + \overline{S_2}\,\overline{A}B + S_2S_1A\overline{B}$$

$$= \overline{\overline{S_2}\,\overline{S_1}B \cdot \overline{S_2}\,\overline{S_1}A \cdot \overline{S_1}AB \cdot \overline{S_2}\,\overline{A}B \cdot S_2S_1A\overline{B}}$$

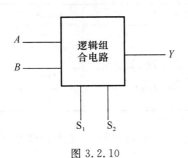

图 3.2.10

表 3.2.5

$S_2 S_1$	Y
00	$A+B$
01	AB
10	$A\overline{B}$
11	$\overline{A}+B$

（3）由最终求得的表达示画出电路图,如图 3.2.12 所示。

表 3.2.6

$S_2 S_1 AB$	Y	$S_2 S_1 AB$	Y	$S_2 S_1 AB$	Y	$S_2 S_1 AB$	Y
0000	0	0100	0	1000	0	1100	0
0001	1	0101	0	1001	0	1101	1
0010	1	0110	0	1010	1	1110	0
0011	1	0111	1	1011	0	1111	0

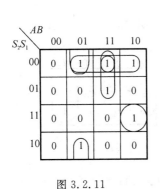

图 3.2.11

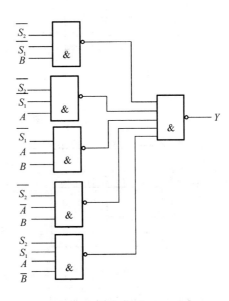

图 3.2.12

【例 3.1.7★】　试设计一组合逻辑电路,输入为 4 位二进制码 $ABCD$,当输入为 8421 码时输出 $Y=1$。用集电极开路门实现。

答:4 位二进制码可表示十进制数 0～15,而 8421 码对应的十进制数位 0～9。由此可知当输入 $ABCD$ 对应的十进制数<10 时,输出为 1,其余状态输出为 0。由此列出真值表如表 3.2.7 所示。

表 3.2.7

ABCD	Y	ABCD	Y	ABCD	Y	ABCD	Y
0000	1	0100	1	1000	1	1100	0
0001	1	0101	1	1001	1	1101	0
0010	1	0110	1	1010	0	1110	0
0011	1	0111	1	1011	0	1111	0

根据真值表画出相应的卡诺图并进行化简,如图 3.2.13(a)所示,可得输出 Y 的逻辑表达式为

$$Y = \overline{A} + \overline{B}\,\overline{C}$$

因为要求用 OC 门实现,所以再将输出化简为与非形式,可得输出逻辑表达式为

$$Y = \overline{A} + \overline{B}\,\overline{C} = \overline{AB \cdot \overline{BC}}$$

其电路结构图如图 3.2.13(b)所示。

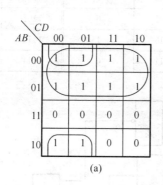
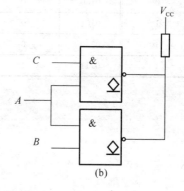

(a)　　　　　　　　　　(b)

图 3.2.13

【例 3.1.8】 试判断并消除图 3.2.14、图 3.2.15 所示电路中的险象。

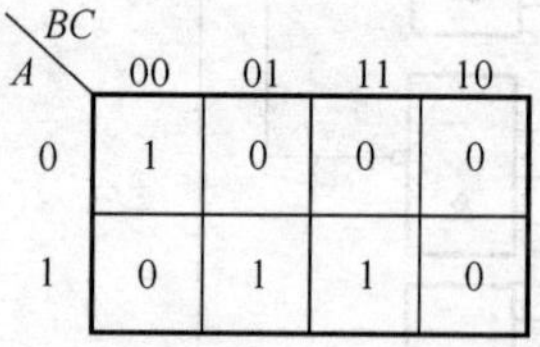

A\BC	00	01	11	10
0	1	0	0	0
1	0	1	1	0

图 3.2.14

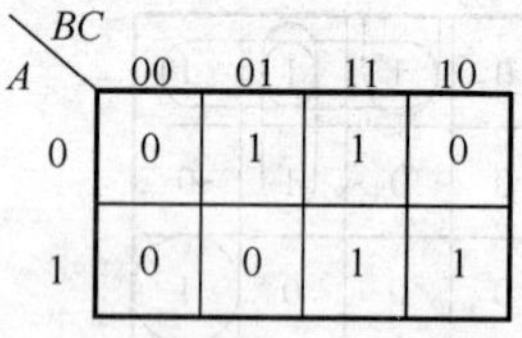

A\BC	00	01	11	10
0	0	1	1	0
1	0	0	1	1

图 3.2.15

答:首先将卡诺图中能化简的部分按化简法则圈入矩形框,图 3.2.14、图 3.2.15 的化简形式分别对应图 3.2.16、图 3.2.17。

在图 3.2.16 中,可知两包围圈不相邻,故此电路中无险象存在。

在图 3.2.17 中,可知两包围圈相邻(m_4 和 m_7 相邻),故此电路中存在险象。解决办法为:加冗余项 BC,如图中虚线所示。矩形包围圈(m_1,m_4)和长条包围圈(m_4,m_7)相交,和矩形包围圈(m_6,m_7)不相邻,消除了险象。

对于解答检测电路险象的题目,常规解题步骤为:先求逻辑表达式;然后根据逻辑表达式画出卡诺图;通过查找卡诺图中的相切而不相交处,写出现象的输入条件,并通过添加冗余项来消除险象。

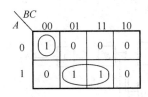

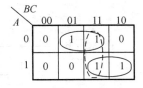

图 3.2.16　　　　　　　　　　　　　　图 3.2.17

【例 3.1.9】　一水位计如图 3.2.18 所示,图中虚线表示水位,A、B、C 电极被水位浸没时会有信号输出。水面在 A、B 之间时为正常状态,绿灯 G 亮。水面在 B、C 间或 A 以上时为异常状态,黄灯 Y 亮。水面在 C 以下时为危险状态,红灯 R 亮。试用与非门设计实现该逻辑功能的电路。

答:为分析问题简便,设输入 A、B、C 三个电极被水浸没时逻辑状态为 1,未被水浸没时逻辑状态为 0。输出各灯亮时逻辑状态为 1,灭时逻辑状态为 0。

由题意可列出真值表如表 3.2.8 所示。

表 3.2.8

A	B	C	R	Y	G
0	0	0	1	0	0
0	0	1	0	0	0
0	1	0	×	×	×
0	1	1	0	0	1
1	0	0	×	×	×
1	0	1	×	×	×
1	1	0	×	×	×
1	1	1	0	1	0

用逻辑表达式将输入输出关系如下式

$$R = \overline{C}; Y = A + \overline{B}C; G = \overline{A}B$$

由于本题是要求用与非门设计电路,因此再将输入输出逻辑表达式转换为

$$R = \overline{C}; Y = \overline{\overline{A}\ \overline{\overline{B}C}}; G = \overline{\overline{\overline{A}B}}$$

其电路图如图 3.2.19 所示。

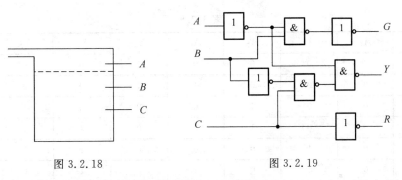

图 3.2.18　　　　　　　　　　　　　　图 3.2.19

【例 3.1.10】　图 3.2.20 是对十进制数 9 求补的集成电路 CC14561 的逻辑图,写出当 COMP=1,$Z=0$ 和 COMP=0,$Z=0$ 时 Y_1、Y_2、Y_3、Y_4 的逻辑式,列出真值表。

答:由图可知,COMP 为运算控制信号,当 COMP=1 时,TG_1、TG_3、TG_5 导通。当 COMP=0 时,TG_2、

TG_4、TG_6 导通。

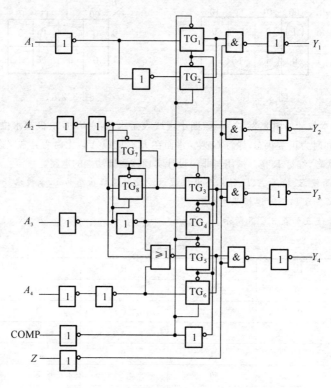

图 3.2.20

$Z=0$ 时 $Y_2=\overline{\overline{\overline{A_2}Z}}=A_2$。传输门 TG_1 和 TG_2 构成一个 2 选 1 数据选择器，数据输入信号为 $\overline{A_1}$ 和 $\overline{\overline{A_1}}=A_1$，地址输入信号为 $\overline{COMP}$，$Z=0$ 时，输出信号可以传递到 Y_1，所以 $Y_1=\overline{A_1}COMP+A_1\,\overline{COMP}$。

$Z=0$ 时，可以得到逻辑表达式

$$Y_3=(\overline{A_2}A_3+A_2\,\overline{A_3})COMP+A_3\,\overline{COMP}$$
$$Y_4=(\overline{A_2}+\overline{A_3}+\overline{A_4})COMP+A_4\,\overline{COMP}$$

当 $COMP=1$，$Z=0$ 时

$$Y_1=\overline{A_1};\ Y_2=A_2;\ Y_3=\overline{A_2}A_3+A_2\,\overline{A_3};\ Y_4=\overline{A_2+A_3+A_4}$$

可推得其真值表如表 3.2.9 所示。

表 3.2.9

十进制数	A_4	A_3	A_2	A_1	Y_4	Y_3	Y_2	Y_1
0	0	0	0	0	1	0	0	1
1	0	0	0	1	1	0	0	0
2	0	0	1	0	0	1	1	1
3	0	0	1	1	0	1	1	0
4	0	1	0	0	0	1	0	1
5	0	1	0	1	0	1	0	0
6	0	1	1	0	0	0	1	1

续 表

十进制数	A_4	A_3	A_2	A_1	Y_4	Y_3	Y_2	Y_1
7	0	1	1	1	0	0	1	0
8	1	0	0	0	0	0	0	1
9	1	0	0	1	0	0	0	0
	1	0	1	0	0	1	1	1
	1	0	1	1	0	1	1	0
	1	1	0	0	0	1	0	1
	1	1	0	1	0	1	0	0
	1	1	1	0	0	0	1	1
	1	1	1	1	0	0	1	0

当 COMP=0,Z=0 时

$$Y_1 = A_1; Y_2 = A_2; Y_3 = A_3; Y_4 = A_4$$

真值表如表 3.2.10 所示。

表 3.2.10

十进制数	A_4	A_3	A_2	A_1	Y_4	Y_3	Y_2	Y_1
0	0	0	0	0	0	0	0	0
1	0	0	0	1	0	0	0	1
2	0	0	1	0	0	0	1	0
3	0	0	1	1	0	0	1	1
4	0	1	0	0	0	1	0	0
5	0	1	0	1	0	1	0	1
6	0	1	1	0	0	1	1	0
7	0	1	1	1	0	1	1	1
8	1	0	0	0	1	0	0	1
9	1	0	0	1	1	0	0	1
	1	0	1	0	1	0	1	0
	1	0	1	1	1	0	1	1
	1	1	0	0	1	1	0	0
	1	1	0	1	1	1	0	1
	1	1	1	0	1	1	1	0
	1	1	1	1	1	1	1	1

【例3.1.11★】 设 A、B、C 为某保密锁的 3 个按钮,当 A 键单独按下时,锁既不打开也不报警;只有当 A、B、C 或者 A、B 或者 A、C 分别同时按下时,锁才能被打开。当不符合上述组合状态时,将发出报警信息。试用与非门设计此保密锁的逻辑电路。

答:首先据题意,设 A、B、C 三个按钮按下时输出信号为 1,否则为 0。设 F 和 G 分别为开锁信号和报警信号,开锁为 1,否则为 0;类似报警为 1,否则为 0。

根据上述逻辑规定列出真值表如表 3.2.11 所示。

表 3.2.11

A	B	C	F	G	A	B	C	F	G
0	0	0	0	0	1	0	0	0	0
0	0	1	0	1	1	0	1	1	0
0	1	0	0	1	1	1	0	1	0
0	1	1	0	1	1	1	1	1	0

由真值表分别画出 F 和 G 的卡诺图如图 3.2.21 和图 3.2.22 所示。

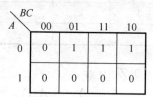

A \ BC	00	01	11	10
0	0	0	0	0
1	0	1	1	1

图 3.2.21

A \ BC	00	01	11	10
0	0	1	1	1
1	0	0	0	0

图 3.2.22

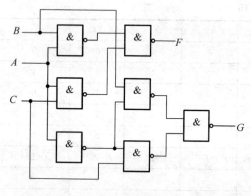

图 3.2.23

将其进行化简得到

$$F = AB + AC \qquad G = \overline{A}B + \overline{A}C$$

因为本题要求是要用与非门进行电路设计，所以再将上式进行变化得

$$F = \overline{\overline{AB + AC}} = \overline{\overline{AB} \cdot \overline{AC}}$$

$$G = \overline{\overline{\overline{A}B + \overline{A}C}} = \overline{\overline{\overline{A}B} \cdot \overline{\overline{A}C}}$$

画出逻辑图如图 3.2.23 所示。

【例 3.1.12】 试用门电路设计一个 2 位二进制相乘的乘法电路。

答：(1) 确定输入、输出变量。

根据题意可确定两个 2 位二进制数 A_1A_0、B_1B_0 为输入变量，乘积 $P_3P_2P_1P_0$ 为输出函数。

(2) 依题意列出真值表如表 3.2.12 所示。

表 3.2.12

$A_1A_0B_1B_0$	$P_3P_2P_1P_0$	$A_1A_0B_1B_0$	$P_3P_2P_1P_0$
0000	0000	1000	0000
0001	0000	1001	0010
0010	0000	1010	0100
0011	0000	1011	0110
0100	0000	1100	0000
0101	0001	1101	0011
0110	0010	1110	0110
0111	0011	1111	1001

（3）根据真值表画出卡诺图如图 3.2.24 所示。由卡诺图化简逻辑函数，可得：

$$P_3 = A_1 A_0 B_1 B_0$$
$$P_2 = A_1 \overline{A_0} B_1 + A_1 B_1 \overline{B_0}$$
$$P_1 = A_1 \overline{A_0} B_0 + A_1 \overline{B_1} B_0 + \overline{A_1} A_0 B_1 + A_0 B_1 \overline{B_0}$$
$$P_0 = A_0 B_0$$

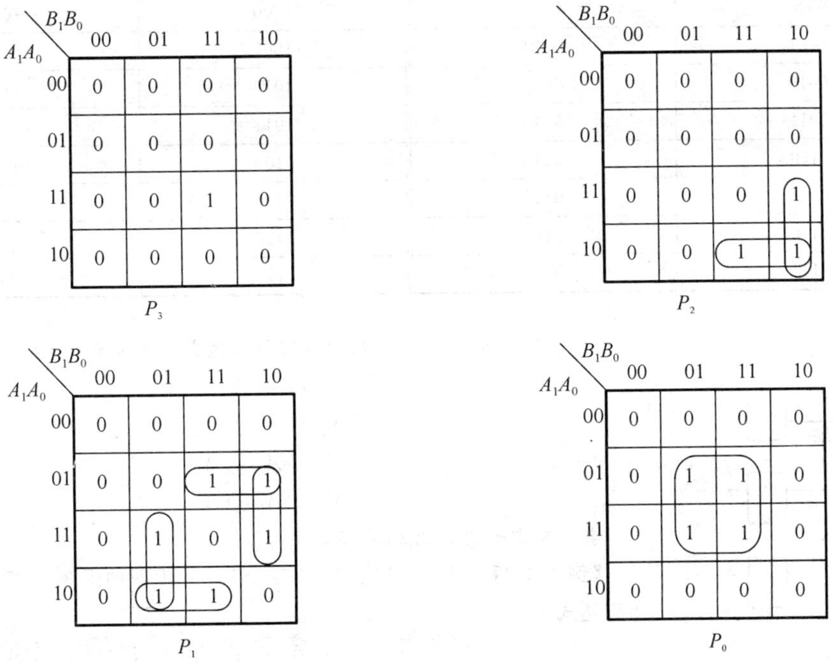

A_1A_0 \ B_1B_0	00	01	11	10
00	0	0	0	0
01	0	0	0	0
11	0	0	1	0
10	0	0	0	0

P_3

A_1A_0 \ B_1B_0	00	01	11	10
00	0	0	0	0
01	0	0	0	0
11	0	0	0	1
10	0	0	1	1

P_2

A_1A_0 \ B_1B_0	00	01	11	10
00	0	0	0	0
01	0	0	1	1
11	0	1	0	1
10	0	1	1	0

P_1

A_1A_0 \ B_1B_0	00	01	11	10
00	0	0	0	0
01	0	1	1	0
11	0	1	1	0
10	0	0	0	0

P_0

图 3.2.24

（4）根据化简后的结果，画出逻辑电路图如图 3.2.25 所示。

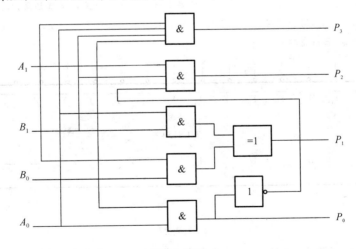

图 3.2.25

题型 2　常用的组合逻辑电路

【例 3.2.1】 设计一个代码转换电路，输入为 4 位二进制代码，输出为 4 位循环码。并用门电路实现电路图。

答:由题意可先列出电路的真值表如表3.2.13所示。

表 3.2.13

二进制代码	循环码	二进制代码	循环码
$A_3 A_2 A_1 A_0$	$Y_3 Y_2 Y_1 Y_0$	$A_3 A_2 A_1 A_0$	$Y_3 Y_2 Y_1 Y_0$
0000	0000	1000	1100
0001	0001	1001	1101
0010	0011	1010	1111
0011	0010	1011	1110
0100	0110	1100	1010
0101	0111	1101	1011
0110	0101	1110	1001
0111	0100	1111	1000

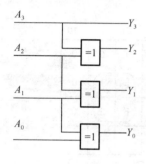

图 3.2.26

由真值表可推知输入/输出的逻辑表达式如下所示

$$Y_3 = A_3$$
$$Y_2 = A_3 \oplus A_2$$
$$Y_1 = A_2 \oplus A_1$$
$$Y_0 = A_1 \oplus A_0$$

其逻辑图如图3.2.26所示。

【例 3.2.2】 已知4-16译码器74LS154的框图如图3.2.27所示,其输出表达式为

$$Y_0 = \overline{\overline{A_3}\, \overline{A_2}\, \overline{A_1}\, \overline{A_0}}, \quad Y_1 = \overline{\overline{A_3}\, \overline{A_2}\, \overline{A_1}\, A_0}, \cdots, Y_{15} = \overline{A_3 A_2 A_1 A_0}$$

试用一片84LS154及最少的与非门实现以下要求的逻辑电路。

当四个逻辑变量输入 $ABCD$ 中有多数个0时,输出 $Y=1$。

答:按照组合逻辑电路设计的一般方法,首先根据给出的实际问题进行逻辑抽象,确定变量,并进行逻辑赋值。然后列出真值表,写出逻辑函数表达式,需要时采用代数法或卡诺图法进行化简。最后选择合适的器件实现逻辑功能,画出逻辑图。

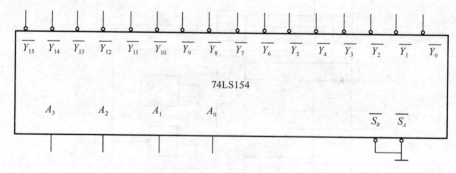

图 3.2.27

(1) 由题意可知,待设计的电路史一个多输出的组合逻辑电路,利用译码器74LS154的特点,把 $ABCD$ 当作输入逻辑量,Y 当作输出逻辑变量,设计此电路。

(2) 根据题意,列出真值表如表3.2.14所示。

表 3.2.14

输入	输出	输入	输出	输入	输出	输入	输出
$ABCD$	Y	$ABCD$	Y	$ABCD$	Y	$ABCD$	Y
0000	1	0100	1	1000	1	1100	0
0001	1	0101	0	1001	0	1101	0
0010	1	0110	0	1010	0	1110	0
0011	0	0111	0	1011	0	1111	0

（3）由真值表列出逻辑表达式为

$$Y = \sum m(0,1,2,4,8) = Y_0 + Y_1 + Y_2 + Y_4 + Y_8$$

按照题目对逻辑器件的要求，将其表达式化为

$$Y = \overline{\overline{Y_0} \cdot \overline{Y_1} \cdot \overline{Y_2} \cdot \overline{Y_4} \cdot \overline{Y_8}}$$

（4）最后的电路逻辑图如图 3.2.28 所示。

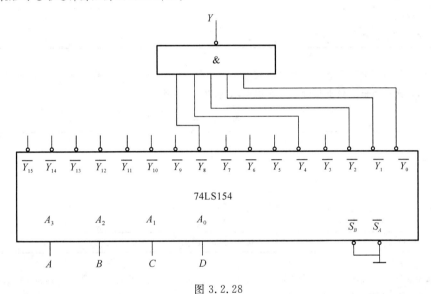

图 3.2.28

【例 3.2.3★】 试用中规模 4 位数值比较器 CC14585 设计一个能实现 8421BCD 码四舍五入的电路，CC14585 的电路结构图和功能表分别如图 3.2.29 和表 3.2.15 所示。

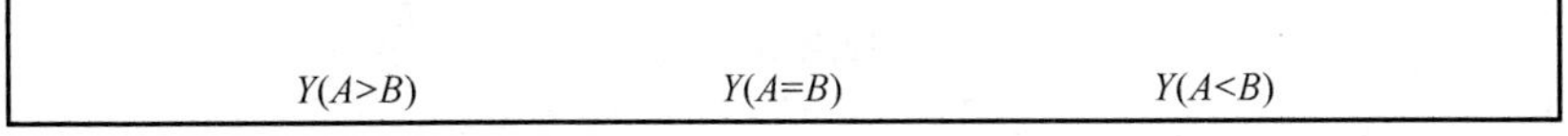

图 3.2.29

表 3.2.15

比较输入				级联输入			输出		
$A_3 B_3$	$A_2 B_2$	$A_1 B_1$	$A_0 B_0$	$(A{<}B)_I$	$(A{=}B)_I$	$(A{>}B)_I$	$(A{<}B)_O$	$(A{=}B)_O$	$(A{>}B)_O$
$A_3 > B_3$	×	×	×	×	×	×	0	0	1
$A_3 < B_3$	×	×	×	×	×	×	1	0	0
$A_3 = B_3$	$A_2 > B_2$	×	×	×	×	×	0	0	1
$A_3 = B_3$	$A_2 < B_2$	×	×	×	×	×	1	0	0
$A_3 = B_3$	$A_2 = B_2$	$A_1 > B_1$	×	×	×	×	0	0	1
$A_3 = B_3$	$A_2 = B_2$	$A_1 < B_1$	×	×	×	×	1	0	0
$A_3 = B_3$	$A_2 = B_2$	$A_1 = B_1$	$A_0 > B_0$	×	×	×	0	0	1
$A_3 = B_3$	$A_2 = B_2$	$A_1 = B_1$	$A_0 < B_0$	×	×	×	1	0	0
$A_3 = B_3$	$A_2 = B_2$	$A_1 = B_1$	$A_0 = B_0$	0	0	1	0	0	1
$A_3 = B_3$	$A_2 = B_2$	$A_1 = B_1$	$A_0 = B_0$	1	0	0	1	0	0
$A_3 = B_3$	$A_2 = B_2$	$A_1 = B_1$	$A_0 = B_0$	0	1	0	0	1	0
$A_3 = B_3$	$A_2 = B_2$	$A_1 = B_1$	$A_0 = B_0$	×	1	×	0	1	0
$A_3 = B_3$	$A_2 = B_2$	$A_1 = B_1$	$A_0 = B_0$	1	0	1	0	0	0
$A_3 = B_3$	$A_2 = B_2$	$A_1 = B_1$	$A_0 = B_0$	0	0	0	1	0	1

答:由题可知,4 位比较器是对 4 位输入变量进行比较,输出 1 位比较结果。根据需求,用 $ABCD$ 代表 8421BCD 码,Y 代表输出。列出相对应的真值表,如表 3.2.16 所示。

表 3.2.16

A	B	C	D	Y	A	B	C	D	Y
0	0	0	0	0	0	1	0	1	1
0	0	0	1	0	0	1	1	0	1
0	0	1	0	0	0	1	1	1	1
0	0	1	1	0	1	0	0	0	1
0	1	0	0	0	1	0	0	1	1

由真值表可见,当输入 $ABCD \leqslant 0100$ 时,输出 $Y=0$;当 $ABCD > 0100$ 时,$Y=1$。因此,对照 4 位比较器的性能,可将 8421 码 $ABCD$ 作为比较器的 A 组输入码,将数码 0100 作为 B 组输入码(即对此两组输入码进行比较),将输出 $Y_{A>B}$ 作为逻辑电路的输出。其逻辑图如图 3.2.30 所示。

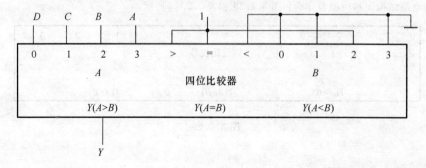

图 3.2.30

【例 3.2.4】 设计用 3 个开关控制一个电灯的逻辑电路,要求改变任何一个开关的状态都能控制电灯由亮变灭或由灭变亮。要求由译码器和少量其他门电路来实现。

答:由题意可得,输入为 3 个变量,输出为 1 个变量。以 A、B、C 分别代表 3 个开关,并用 0 和 1 表示开关的两个状态,以 Y 表示灯的状态,0 表示灯灭,1 表示灯亮。设 $ABC=000$ 时 $Y=0$,从这个状态开始,单独改变任何一个开关的状态,Y 的状态都要变化。根据要求列出真值表如表 3.2.17 所示。

表 3.2.17

A	B	C	Y	A	B	C	Y
0	0	0	0	1	0	0	0
0	0	1	1	1	0	1	0
0	1	0	1	1	1	0	0
0	1	1	1	1	1	1	1

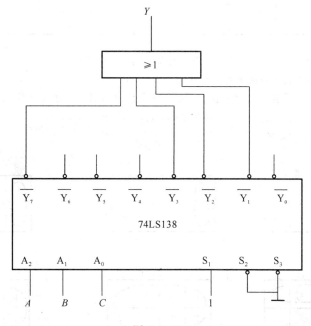

图 3.2.31

从真值表,可以得出输入输出逻辑表达式为

$$Y = \overline{A}\,\overline{B}C + \overline{A}B\,\overline{C} + \overline{A}BC + ABC = \sum m(1,2,3,7)$$

因为输入量为 3 个,状态变化共有 8 种,因此可以选用 3-8 译码器。逻辑图如图 3.2.31 所示。

【例 3.2.5★】 试采用非门、与非门设计一个显示译码器。显示图 3.2.31 的字型为

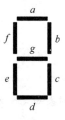

图 3.2.32

答:可知本题的输出为 5 个字符,因此需要 3 个输入变量 ABC(最多可确定 8 个字

符）。又可知显示译码器的字符显示是用7段组成,如图3.2.32所示。由此列出真值表如表3.2.18所示。

表 3.2.18

	A	B	C	a	b	c	d	e	f	g
H	0	0	0	0	1	1	0	1	1	1
E	0	0	1	1	0	0	1	1	1	1
L	0	1	0	0	0	0	1	1	1	0
L	0	1	1	0	0	0	1	1	1	0
O	1	0	0	1	1	1	1	1	1	0

利用真值表分别对显示器各数段进行卡诺图化简,如图3.2.33所示。

由此可得各显示器各数段的逻辑表达式为

$$a = \overline{A}\,\overline{B}C + A\overline{B}\,\overline{C}; b = \overline{B}\,\overline{C}; c = \overline{B}\,\overline{C}; d = \overline{A}C + \overline{A}B + A\overline{B}\,\overline{C};$$
$$e = 1; f = 1; g = \overline{A}\,\overline{B}$$

其电路结构如图3.2.34所示。

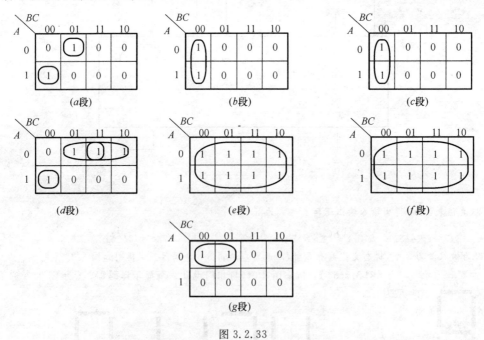

图 3.2.33

【例 3.2.6】 试用少量基本门电路实现语句"A≥B",A 和 B 都是两位二进制数。

答:首先分析输入变量为 A、B。其表达形式可设为 A_1A_0、B_1B_0。根据要求列出真值表如表3.2.19所示。

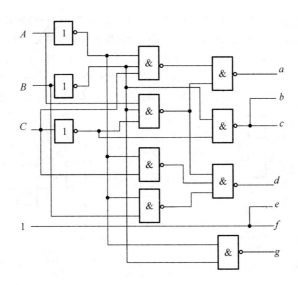

图 3.2.34

表 3.2.19

输入		输出	输入		输出	输入		输出	输入		输出
$A_1 A_0$	$B_1 B_0$	Y	$A_1 A_0$	$B_1 B_0$	Y	$A_1 A_0$	$B_1 B_0$	Y	$A_1 A_0$	$B_1 B_0$	Y
00	00	1	01	00	1	10	00	1	11	00	1
00	01	0	01	01	1	10	01	1	11	01	1
00	10	0	01	10	0	10	10	1	11	10	1
00	11	0	01	11	0	10	11	0	11	11	1

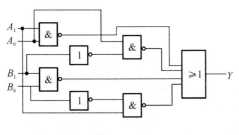

图 3.2.35

(3) 用异或门比较两个 2 位二进制数是否相等。

并画出相应的变化电路图。

答:(1) 原码是指自然二进制数。反码的每位是原码的每位取反。

异或门具有以下逻辑关系:

$$A \oplus 0 = A$$

$$A \oplus 1 = \overline{A}$$

所以,如果异或门的一个输入端接输入变量(如 A),另一个输入端接控制变量(如 CR),则 CR=0 时为原码输出,CR=1 时反码输出。一个 4 变量原码/反码变化电路如图 3.2.36 所示,其中 A、B、C、D 为 4 个输入量。

(2) 本题是一个比较器电路问题,该电路一般有 3 个输出端,一是 A=B 输出端,二是 A>B 输出端,

可知实现语句"A≥B"的逻辑表达式为

$$Y = \sum m(0,4,5,8,9,10,12,13,14,15)$$

将其进行化简,得到最后的最简形式为

$$Y = A_1 A_0 + A_1 \overline{B_0} + B_1 B_0 + A_0 \overline{B_1}$$

其电路结构图如图 3.2.35 所示。

【例 3.2.7】 试用异或门实现:

(1) 实现 4 变量的原码-反码输出。

(2) 实现二进制数据中"1"的个数的奇偶判断。

三是 $A<B$ 输出端。对于多位比较器,在进行比较时,从最高位向下一位一位地比较,当比较到哪一位有结果时便有输出信号,若比完最后一位仍然相等,就是 $A=B$ 输出端输出高电平 1。

设一个 2 位的二进制数 D_1D_0,可用一个异或门比较其中的"1"的个数:当同为 1 或同为 0 时,异或门输出为 0。利用这一原理,可实现多位二进制数据中"1"的个数的奇偶判断:偶数个 1 时输出为 0,奇数个 1 时输出为 1。一个 4 位奇偶校验电路如图 3.2.37 所示,图中 $D_3D_2D_1D_0$ 是 4 位二进制数据。

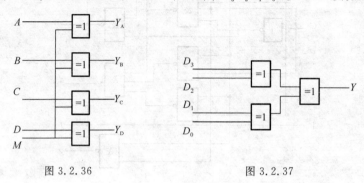

图 3.2.36　　　　　　　　　　图 3.2.37

(3) 判奇、判偶电路的输入端有多个,具体输入端数量视具体电路而定,但是这种电路的输出端只有一个。判奇电路的输出端状态是这样:当输出端为 1 时,说明输入信号中高电平 1 的数目为奇数。对于判偶电路而言,当输出端为 1 时,说明输入信号中高电平 1 的数目为偶数。

利用异或门可以比较两个二进制数是否相等:分别用一个异或门比较两个数的相同位,即最高位同最高位比较,次高位同次高位比较……最低位同最低位比较,当所有的异或门的比较输出都为 0 时,两数相等。一个 4 位同值比较器电路如图 3.2.38 所示,图中 $A_3A_2A_1A_0$ 和 $B_3B_2B_1B_0$ 是两个 4 位二进制数。

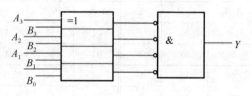

图 3.2.38

【例 3.2.8】 分析图 3.2.39 电路的逻辑功能,写出 Y_1、Y_2 的逻辑函数式,列出真值表,指出电路完成什么逻辑功能。

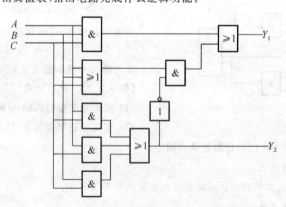

图 3.2.39

答: 由图可推得输入输出逻辑表达式为

$$Y_1 = ABC + A\overline{B}\,\overline{C} + \overline{A}B\overline{C} + \overline{A}\,\overline{B}C$$

$$Y_2 = AB + BC + AC$$

其真值表如表 3.2.20 所示。由真值表可见,这是一个全加器电路,A、B、C 为加数、被加数来自低位的进位,Y_1 是和,Y_2 是进位输出。

表 3.2.20

A	B	C	Y_1	Y_2
0	0	0	0	0
0	0	1	1	0
0	1	0	1	0
0	1	1	0	1
1	0	0	1	0
1	0	1	0	1
1	1	0	0	1
1	1	1	1	1

【例 3.2.9】 设计一个二进制触发电路。设被除数 $A_2A_1A_0 \geqslant 0$,除数 $B_1B_0 \geqslant 0$,商为 $X_2X_1X_0$,余数为 Y_1Y_0,除零错误为 E(分母为 0 时的情况),写出有关的逻辑表达式。并用一片 2-4 和一片 3-8 译码器及若干门电路实现。

答:由题意,可设除数 B_1B_0 的四种组合为

$B_1B_0 = 00$ 时,出现除零错误,$E = 1$。

$B_1B_0 = 01$ 时,$X_2X_1X_0 = A_2A_1A_0$,$Y_1Y_0 = 00$,$E = 0$(除以 1,商为原数,余数为 0)。

$B_1B_0 = 10$ 时,$X_2X_1X_0 = 0A_2A_1$,$Y_1Y_0 = 0A_0$,$E = 0$(除以 2,商为原数右移一位,余数为原数末位)。

$B_1B_0 = 11$ 时,则列真值表如表 3.2.21 所示。

表 3.2.21

被除数	商	余数	被除数	商	余数
$A_2A_1A_0$	$X_2X_1X_0$	Y_1Y_0	$A_2A_1A_0$	$X_2X_1X_0$	Y_1Y_0
000	000	00	100	001	01
001	000	01	101	001	10
010	000	10	110	010	00
011	001	00	111	010	01

由真值表可推得输入输出逻辑表达式为

$$X_0 = A_0 B_0 \overline{B_1} + A_1 \overline{B_0} B_1 + A_1 A_2 B_0 B_1 + (A_0 A_1 \overline{A_2} + \overline{A_0}\, \overline{A_1} A_2 + A_0 \overline{A_1} A_2) B_0 B_1$$

$$X_1 = A_1 B \overline{B_1} B_0 + A_2 B_1 \overline{B_0} + A_1 A_2 B_0 B_1$$

$$X_2 = A_2 B_0 \overline{B_1}$$

$$Y_0 = A_0 \overline{B_0} B_1 + (A_0 \overline{A_1}\, \overline{A_2} + \overline{A_0}\, \overline{A_1} A_2 + A_0 A_1 A_2) B_0 B_1$$

$$Y_1 = (\overline{A_0} A_1 \overline{A_2} + A_0 \overline{A_1} A_2) B_0 B_1$$

$$E = \overline{B_0}\, \overline{B_1}$$

其逻辑图如图 3.2.40 所示。

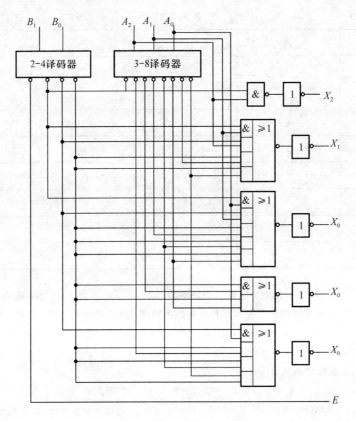

图 3.2.40

【例 3.2.10★】 设 X、Z 均为 3 位二进制数，X 为输入，Z 为输出，要求两者之间有下述关系：当 $3 \leqslant X \leqslant 6$ 时，$Z = X + 1$；$X < 3$ 时，$Z = 0$；$X > 6$ 时，$Z = 3$。

试用一片 3-8 译码器构成实现上述要求的逻辑电路。

答： 由题意列出真值表如表 3.2.22 所示。

表 3.2.22

输　入		输　出	
$X_2 X_1 X_0$	$Z_2 Z_1 Z_0$	$X_2 X_1 X_0$	$Z_2 Z_1 Z_0$
000	000	100	101
001	000	101	110
010	000	110	111
011	100	111	011

由真值表写出输出 Z 的逻辑表达式为

$$Z_0 = \overline{X_0}\ \overline{X_1} X_2 + \overline{X_0} X_1 X_2 + X_0 X_1 X_2$$

$$Z_1 = X_0 \ \overline{X_1} X_2 + \overline{X_0} X_1 X_2 + X_0 X_1 X_2$$

$$Z_2 = X_0 X_1 \ \overline{X_2} + \overline{X_0}\ \overline{X_1} X_2 + X_0 \ \overline{X_1} X_2 + \overline{X_0} X_1 X_2$$

写出译码器输出逻辑表达式为

$$\overline{Y_0} = \overline{\overline{X_2}\ \overline{X_1}\ \overline{X_0}}$$

$$\overline{Y_1} = \overline{\overline{X_2}\ \overline{X_1} X_0}$$

$$\overline{Y_2} = \overline{\overline{X_2} X_1 \ \overline{X_0}}$$

$$\overline{Y_3} = \overline{\overline{X_2} X_1 X_0}$$

$$\overline{Y_4} = \overline{X_2 \, \overline{X_1} \, \overline{X_0}}$$

$$\overline{Y_5} = \overline{X_2 \, \overline{X_1} X_0}$$

$$\overline{Y_6} = \overline{X_2 X_1 \, \overline{X_0}}$$

$$\overline{Y_7} = \overline{X_2 X_1 X_0}$$

把 Z_2、Z_1、Z_0 与译码器输出逻辑表达式相比较得

$$Z_0 = \overline{\overline{Y_4} \, \overline{Y_6} \, \overline{Y_7}}$$

$$Z_1 = \overline{\overline{Y_5} \, \overline{Y_6} \, \overline{Y_7}}$$

$$Z_1 = \overline{\overline{Y_3} \, \overline{Y_4} \, \overline{Y_5} \, \overline{Y_6}}$$

画出逻辑图如图 3.2.41 所示。

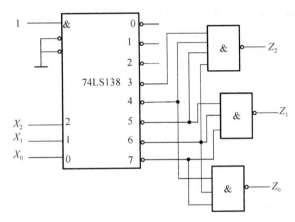

图 3.2.41

【例 3.2.11】 设用 8 选 1MUX 实现逻辑函数

$$F = \sum m(0,3,4,7,8) + \sum d(10,11,12,13,14,15)$$

答： 由 F 表达式可见，F 为 4 变量逻辑函数，且含有无关项。设 F 的输入逻辑变量为 A、B、C、D。令 8 选 1MUX 的地址输入为

$$A_2 A_1 A_0 = ABC$$

作联合卡诺图(联合卡诺图法是一种用 MUX 实现逻辑函数的方法。联合卡诺图法是在 MUX 及地址输入逻辑变量都已选定之后，把逻辑函数 F 和 MUX 的表达式 Y 都展现在一张卡诺图上，并根据函数 F 的真值确定 MUX 各数据的输入 D_i，使 $Y=F$，从而实现逻辑函数)如图 3.2.42 所示。

D \ $\begin{matrix}ABC\\(A_2A_1A_0)\end{matrix}$	000	001	010	011	100	101	110	111
0	1		1		1	×	×	×
1		1		1		×	×	×
	D_0	D_1	D_2	D_3	D_4	D_5	D_6	D_7

图 3.2.42

由卡诺图可见，取 $D_0 = D_2 = D_4 = \overline{D}$，$D_1 = D_3 = D$，而 D_5、D_6、D_7 取 0 或 1 均可。如果 D 信号具有足够的驱动能力，也可取 $D_5 = D_6 = D_7 = D$，均可使 $Y = F$。

画出逻辑图如图 3.2.43 所示。

【例 3.2.12★】 试用优先权编码器 74LS148 和基本门电路设计一个优先权限 4 选 1 按钮电路，要求为

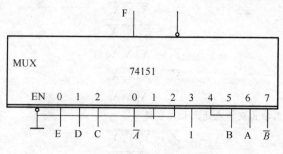

图 3.2.43

当 1 号按钮按下时,无论其他 3 个按钮是否按下,只有 1 号输出灯亮。

当 1 号按钮未按下,2 号按钮按下时,无论 3 号,4 号按钮是否按下,只有 2 号输出灯亮。

当 1 号,2 号按钮未按下,3 号按钮按下时,无论 4 号按钮是否按下,只有 3 号输出灯亮。

当 1 号,2 号,3 号按钮均未按下,4 号灯按下时,只有 4 号输出灯亮。

答:首先根据题意将此问题转为逻辑代数问题。设四个按钮的信号分别为逻辑输入变量 A、B、C、D,按钮按下时用 0 表示,否则用 1 表示。四个按钮输出灯信号分别为逻辑输出变量 F_0、F_1、F_2、F_3,灯亮用 0 表示,否则用 1 表示。

74LS148 是一个 8 线-3 线优先编码器,其真值表如表 3.2.23 所示。

表 3.2.23

输入								输出		
I_0	I_1	I_2	I_3	I_4	I_5	I_6	I_7	Y_2	Y_1	Y_0
×	×	×	×	×	×	×	1	1	1	1
×	×	×	×	×	×	1	0	1	1	0
×	×	×	×	×	1	0	0	1	0	1
×	×	×	×	1	0	0	0	1	0	0
×	×	×	1	0	0	0	0	0	1	1
×	×	1	0	0	0	0	0	0	1	0
×	1	0	0	0	0	0	0	0	0	1
1	0	0	0	0	0	0	0	0	0	0

输入输出逻辑关系式为

$$\overline{Y_2} = \overline{(I_7 + I_6 + I_5 + I_4)S}$$

$$\overline{Y_1} = \overline{(I_7 + I_6 + I_5\,\overline{I_4}\,\overline{I_3} + I_2\,\overline{I_4}\,\overline{I_5})S}$$

$$\overline{Y_0} = \overline{(I_7 + I_5\,\overline{I_6} + I_3\,\overline{I_4}\,\overline{I_6} + I_1\,I_2\,\overline{I_4}\,\overline{I_6})S}$$

根据题意只要控制 4 个灯的状态,所以用二位输出即可,选用低 4 位输出,将输入变量 A、B、C、D 与 74LS148 的输入 $\overline{I_3}$、$\overline{I_2}$、$\overline{I_1}$、$\overline{I_0}$ 连接。控制电路的功能可用表 3.2.24 来表示。

考虑到 74LS148 输出低电平有效可知

$$F_0 = \overline{\overline{Y_1}\,\overline{Y_0}}$$

$$F_1 = \overline{\overline{Y_1}\,Y_0}$$

$$F_2 = \overline{Y_1\,\overline{Y_0}}$$

$$F_3 = \overline{Y_1\,Y_0}$$

表 3.2.24

$\overline{I_3}$	$\overline{I_2}$	$\overline{I_1}$	$\overline{I_0}$	$\overline{Y_1}$	$\overline{Y_0}$	F_0	F_1	F_2	F_3
0	×	×	×	0	0	0	1	1	1
1	0	×	×	0	1	1	0	1	1
1	1	0	×	1	0	1	1	0	1
1	1	1	0	1	1	1	1	1	0

根据表达式,可画出逻辑图如图 3.2.44 所示。

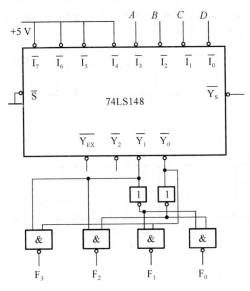

图 3.2.44

【例 3.2.13★】 试用 3 片 3-8 译码器组成一个 5-24 译码电路。

答:本题要求对 3-8 译码器进行功能扩展,因为输入为 5 个二进制数,输出为 24 个二进制数。24＝8×3,因此可用 3 个 3—8 译码器扩展实现,可考虑将输入信号中的前 2 位用于选通 3-8 译码器,后三位用于片内地址的选择。先写出真值表如表 3.2.25 所示,再根据真值表绘出逻辑电路图。

表 3.2.25

输 入					输出	输 入					输出
A_4	A_3	A_3	A_1	A_0	$\overline{Y}$	A_4	A_3	A_3	A_1	A_0	$\overline{Y}$
0	0	0	0	0	$\overline{Y_0}$	0	1	1	0	0	$\overline{Y_{12}}$
0	0	0	0	1	$\overline{Y_1}$	0	1	1	0	1	$\overline{Y_{13}}$
0	0	0	1	0	$\overline{Y_2}$	0	1	1	1	0	$\overline{Y_{14}}$
0	0	0	1	1	$\overline{Y_3}$	0	1	1	1	1	$\overline{Y_{15}}$
0	0	1	0	0	$\overline{Y_4}$	1	0	0	0	0	$\overline{Y_{16}}$
0	0	1	0	1	$\overline{Y_5}$	1	0	0	0	1	$\overline{Y_{17}}$
0	0	1	1	0	$\overline{Y_6}$	1	0	0	1	0	$\overline{Y_{18}}$
0	0	1	1	1	$\overline{Y_7}$	1	0	0	1	1	$\overline{Y_{19}}$
0	1	0	0	0	$\overline{Y_8}$	1	0	1	0	0	$\overline{Y_{20}}$
0	1	0	0	1	$\overline{Y_9}$	1	0	1	0	1	$\overline{Y_{21}}$

输　入					输出	输　入					输出
A_4	A_3	A_3	A_1	A_0	$\overline{Y}$	A_4	A_3	A_3	A_1	A_0	$\overline{Y}$
0	1	0	1	0	$\overline{Y}_{10}$	1	0	1	1	0	$\overline{Y}_{22}$
0	1	0	1	1	$\overline{Y}_{11}$	1	0	1	1	1	$\overline{Y}_{23}$

令 A_4、A_3 信号用于选通 3—8 译码器,当 $A_4A_3=00$ 时,选通第一片译码器,输出为 0～7,当 $A_4A_3=01$ 时,输出为 8～15,当 $A_4A_3=10$ 时,输出为 16～23。其逻辑电路图如图 3.2.45 所示。图中,A_4 和 A_3 信号经过逻辑门组合后给 3-8 译码器提供使能信号,而其余 3 位信号则用于译码器内部的地址选择,从而得到所需的 5-24 译码电路。答案如图 3.2.45 所示。

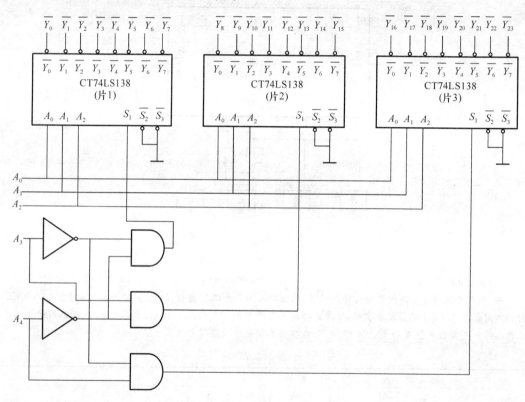

图 3.2.45

第4章

触 发 器

【**基本知识点**】触发器的基本类别和工作原理、结构、特性方程、特性表。状态时序图,触发器相互转换,触发器的脉冲工作特性、参数及测试方法。CMOS 触发器特点。

【**重点**】四种基本触发器的工作原理、结构、特性方程、特性表、逻辑功能和相互转换。

【**难点**】四种基本触发器的工作原理、结构、特性方程、特性表、逻辑功能和相互转换。

4.1 答疑解惑

4.1.1 触发器的组成和分类有哪些?

触发器时序逻辑电路的基本单元电路,它能够存储一位二进制码,即具有记忆能力。它是在门电路的基础上引入适当控制和反馈构成的。其特点是:

(1)它具有两个稳定状态,分别用来表示逻辑 0 和逻辑 1,或二进制数的 0 和 1;

(2)它具有两个互补的输出端 Q 和 $\overline{Q}$,通常以 Q 端的状态表示触发器的状态。如果 Q 端为 0,则 $\overline{Q}$ 端便是 1,触发器处于 0 态;反之,若 Q 端为 1,则 $\overline{Q}$ 端便是 0,触发器处于 1 态;

(3)在适当的输入信号作用下,触发器可以从一种稳定状态翻转到另一种稳定状态,在输入信号消失后,能将获得的新状态保存下来。

根据电路结构形式的不同,触发器可以分为基本 RS 触发器、同步式触发器、主从触发器、维持阻塞触发器、CMOS 边沿触发器等。根据触发方式又可将其分为电平触发器、脉冲触发器、边沿触发器等。按逻辑功能又可分为 RS 触发器、JK 触发器、D 触发器和 T 触发器等。

4.1.2 触发器的逻辑功能如何表示?

触发器具有两个稳定的状态,分别用来表示逻辑 0 和逻辑 1,或二进制数 0 和 1。他具有两个互补的输出端 Q 和 $\overline{Q}$,通常用 Q 端的状态表示触发器的状态。

触发器具有置位(置1)和复位(置0)控制端,通常用 S_D 和 R_D 表示,置位和复位控制是异步进行的,即不需要时钟脉冲 CP 的配合,仅由置位端和复位端单独操作,就可以实现置位和复位。

触发器跟其他逻辑电路一样,可以用真值表、函数表达式、时序图等方法表示其逻辑功能。不过,因为它的输出(次态)不仅取决于输入信号,而且和输入信号作用前电路的状态(现态)有关。因此,触发器的逻辑功能表示方法比门电路要复杂一些。它的真值表、表达式需把现态作为变量处理,并同输入信号一起决定着次态。为了表明这一特点,触发器的上述两种表示方法分别称为特性表和特性方程。有时还用状态图和波形图来形象地表示它的逻辑功能。

4.1.3 什么是锁存器?

用或非门或与非门代替驱动器或倒相器,可实现能改变存储内容的单元存储电路,称之为锁存器。利用锁存器便可进一步构造出用于存储与记忆的各种类型高性能触发器。

1. RS、$\overline{R}\ \overline{S}$ 锁存器

RS、$\overline{R}\ \overline{S}$ 锁存器的电路结构如图 4.1.1(a)、(b)所示。

可知 RS、$\overline{R}\ \overline{S}$ 锁存器为双稳态器件,在 RS 锁存器里,只要令另 $R=S=1$;在 $\overline{RS}$ 锁存器里,只要令另 $\overline{R}=\overline{S}=0$,触发器即保持原态。稳定情况下,两个输出互补。

2. 带输入控制的 RS 锁存器

图 4.1.2 所示为带输入控制的 RS 锁存器电路结构,由图可知,其基本形态为:

输入控制门 + 基本 RS 触发器(即 RS 锁存器)。

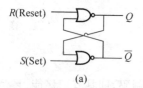
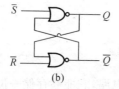
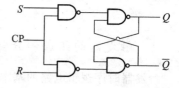

图 4.1.1　　　　　　　　　　图 4.1.2

本电路的特点为只有触发信号 CP 到的时候,S 和 R 才起作用。

D 锁存器一般用于总线接收数据,D 锁存器具有置"0"、置"1"功能。其电路结构如图 4.1.3 所示。由图可知,本电路也是只有在 CP 到的时候,D 才起作用。

当锁存器被用于时序电路的存储器件时将产生严重问题。在其使能期间电路状态将连续变化,不能"记住"次态并处于稳态。其原因是锁存器在被激活期间,输出跟随输入变化。解决问题的关键是要

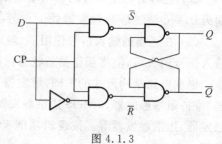

图 4.1.3

使记忆电路在使能与不使能时,输出与输入均是断开的。这种能由控制信号作用存入新的信息电路称之为触发器。用锁存器实现触发器的两种方法。

4.1.4　什么是主从触发器？

主从触发器在控制脉冲出现时,控制其状态,控制脉冲消失时,改变其状态。其主要类别有:

1. 主从 RS 触发器

主从 RS 触发器的电路结构如图 4.1.4 所示。

由图可知此触发器的特点有:

(1) 在 CP=1 期间,主触发器输入端接收信号,并置成相应状态,而从触发器保持原态不变。

(2) 在 CP 下降沿到来时,从触发器按照主触发器的状态翻转。所以每个 CP 周期,输出状态只能改变一次。

2. 主从 JK 触发器

主从 JK 触发器的电路结构如图 4.1.5 所示。在正常情况下,主从触发器确保了时序电路的正常工作。但仍有缺陷:整体上,输入输出不透明,但在 CP=1 期间,主锁存器仍透明,如此时由于干扰或线路延时,主锁存器锁存了错误信息,在 CP 返回 0 时,仍将会把错误信息传至触发器输出。

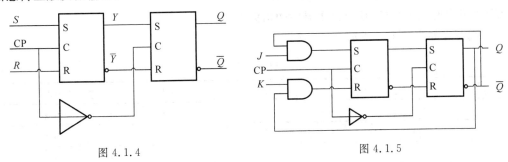

图 4.1.4　　　　　　　　　　　　　图 4.1.5

其工作原理如下:

若 $J=K=0$ 时,触发器保持原态不变,即 $Q^{n+1}=Q^n$;

若 $J=0,K=1$ 时, $Q^{n+1}=0$;

若 $J=1,K=0$ 时, $Q^{n+1}=1$;

若 $J=K=1$ 时,若 $Q^n=0$ 时, $Q^{n+1}=1$;若 $Q^n=1$ 时, $Q^{n+1}=0$。触发器处于翻转状态,即 $Q^{n+1}=\overline{Q^n}$。也就是说在 CP 下降沿到达后触发器翻转为与初态相反的状态。其真值表如表 4.1.1所示。

表 4.1.1

CP	J	K	Q^n	Q^{n+1}	CP	J	K	Q^n	Q^{n+1}
×	×	×	×	Q^n	⎍↓	1	0	0	1
⎍↓	0	0	0	0	⎍↓	1	0	1	1
⎍↓	0	0	1	1	⎍↓	1	1	0	1
⎍↓	0	1	0	0	⎍↓	1	1	1	0
⎍↓	0	1	1	0					

4.1.5　什么是边沿触发器？

边沿触发器忽略输入控制脉冲的常态电平,仅在时钟信号的跳变沿被触发改变。有正沿或负沿触发。边沿触发器在CP脉冲上升(下降)沿到来之前接收收入信号,在CP脉冲上升(下降)沿到来时刻触发器状态发生变化。

1. 维持堵塞 D 触发器

维持堵塞 D 触发器是一种边沿触发器。其电路结构如图 4.1.6 所示。工作原理为:

当 CP＝0 时,触发器将维持原态不变;

当 CP 由 0 变为 1 时,触发器接收输入信号 D;

触发器在上升沿接收输入信号 D 之后,在
CP＝1 期间,输入信号被封锁。

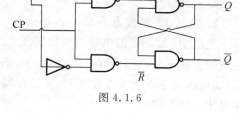

由上述分析可知:维持堵塞 D 触发器是在
CP 正跳沿之前接收输入信号,正跳沿时改变状
态,正跳沿之后被堵塞。由于输出状态的改变是
在 CP 上升沿时刻发生的,所以是上升沿边沿触发器。

图 4.1.6

其真值表如表 4.1.2 所示。

表 4.1.2

CP	D	Q^n	Q^{n+1}	状态
0	×	0	0	不变
0	×	1	1	不变
1	0	0	0	置0
1	0	1	0	置0
1	1	0	1	置1
1	1	1	1	置1

2. CMOS-D 触发器

CMOS-D 触发器的电路结构如图 4.1.7 所示。与非门 G_1 和 G_2 以及传输门 TG_2 和在一起构成一个基本 RS 触发器。当传输门 TG_2 导通时,锁存数据;当传输门 TG_2 关断时,可以接收从传输门 TG_1 传输过来的数据。这个基本 RS 触发器称为主触发器。

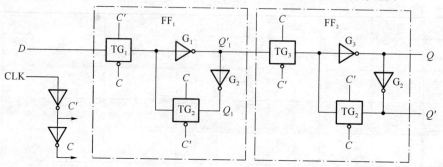

图 4.1.7

与非门 G_3 和 G_4 以及传输门 TG_4 和在一起构成另一个基本 RS 触发器。当传输门 TG_4 导通时,锁存数据;当传输门 TG_4 关断时,可以接收从传输门 TG_3 传输过来的数据。这个基本 RS 触发器称为从触发器。

传输门 TG_1 起连接和阻断接收数据的作用。当 TG_1 接通时,主触发器接收数据 D;当 TG_1 关断时,隔离数据对主触发器的影响。TG_3 起沟通和隔离主从触发器的作用,当 TG_3 接通时,主触发器将其状态传输给从触发器。当 TG_3 关断时,主触发器和从触发器隔离。

锁存器与触发器的逻辑符号如图 4.1.8 所示。

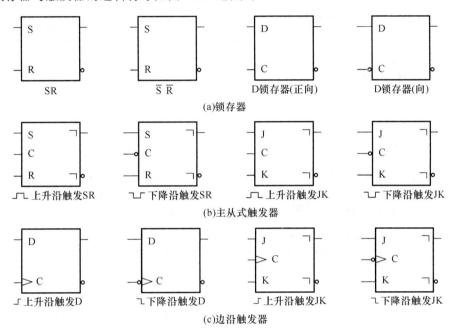

图 4.1.8

4.1.6　什么是 RS 触发器?

RS 触发器真值表如表 4.1.3 所示。

表 4.1.3

R	S	Q^{n+1}	R	S	Q^{n+1}
1	0	0	0	0	Q^n
0	1	1	1	1	不允许

其约束条件为 $RS=0$

由真值表可知,RS 触发器的状态方程为

$$Q^{n+1} = S + \overline{R}Q^n$$
$$SR = 0(约束条件)$$

4.1.7 什么是 JK 触发器？

JK 触发器真值表如表 4.1.4 所示。

表 4.1.4

J	K	Q^{n+1}		J	K	Q^{n+1}	
1	0	1	置 1	0	0	Q^n	保持
0	1	0	置 0	1	1	$\overline{Q^n}$	翻转

由真值表可知,RS 触发器的状态方程为

$$Q^{n+1} = J\,\overline{Q^n} + \overline{K}Q^n$$

4.1.8 什么是 D 触发器？

D 触发器真值表如表 4.1.5 所示。
由真值表可知 D 触发器的状态方程为

$$Q^{n+1} = D$$

4.1.9 什么是 T 触发器？

T 触发器真值表如表 4.1.6 所示。

表 4.1.5

D	Q^{n+1}	
0	0	置 0
1	1	置 1

表 4.1.6

T	Q^{n+1}	
0	Q^n	保持
1	$\overline{Q^n}$	翻转

由真值表可知 T 触发器的状态方程为

$$Q^{n+1} = T\,\overline{Q^n} + \overline{T}Q^n$$

典型题解   触发器

4.2 典型题解

题型 1 触发器的电路结构

【例 4.1.1】 RS 锁存器的电路结构和输入波形分别如图 4.2.1(a)、(b)所示。试画出输出端 Q、$\overline{Q}$ 的波形,设触发器初态为 0。

答:由图 4.2.1(a)可知,$Q^{n+1}=\overline{Q^n}\cdot\overline{R_D}$,$\overline{Q^{n+1}}=Q^n\cdot\overline{S_D}$

又由题设条件可知,初始状态 $Q=0$。因此,可得输出 Q,$\overline{Q}$ 的波形如图 4.2.1(c)所示。

【例 4.1.2】 已知主从 RS 触发器输入端 R、S 和 CP 波形如图 4.2.2 所示,试画出主触发器输出端 Q_M 和从触发器输出端 Q_S 的电压波形。假定触发器的初始状态为 0。

答:主从触发器由两个级联的同步 RS 触发器组成,前面一个称为主触发器,后面一个称为从触发器。当时钟脉冲为高电平时,主触发器的时钟输入端为高电平而从触发器的时钟输入端为低电平,故主触发器

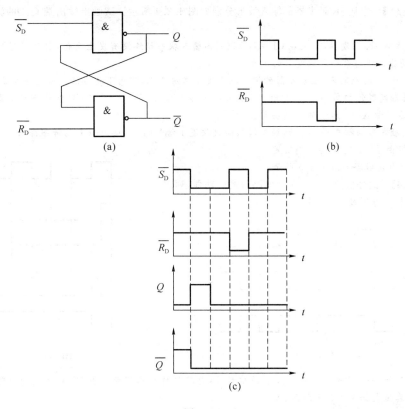

图 4.2.1

的状态随输入信号变化而从触发器的状态保持不变。当时钟脉冲为低电平时,主触发器的时钟输入端为低电平而从触发器的时钟输入端为高电平,故主触发器的状态保持不变而从触发器的状态随主触发器变化,故主触发器可能多次翻转而从触发器的状态最多翻转一次。

由输入端波形图可知,在 CP=1 期间,R、S 发生了多次变化,由于主从 RS 触发器没有从输出到输入的反馈线,因此,主触发器的状态也会相应地作多次改变,在 CP 下降沿到达时刻,从触发器随主触发器作相应的改变,其输出波形如图 4.2.3 所示。

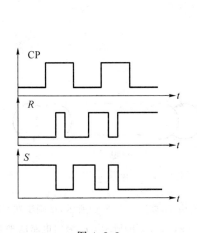

图 4.2.2

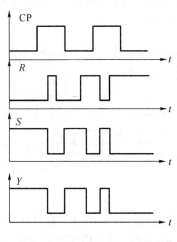

图 4.2.3

【例 4.1.3★】 主从 JK 触发器的输入波形分别如图 4.2.4 所示。试画出输出端 Q、$\overline{Q}$ 的波形,设触发器初态为 0。

答:对于主从 JK 触发器,如果在 CP＝1 的期间内输入状态始终没有发生变化,则可用 CP 下降沿到来时刻所对应的输入状态来确定触发器的次态。

如果在 CP＝1 的期间内,主触发器的输入状态发生多次变化,可用下述办法来确定触发器的次态:

(1) 如果触发器的初态 $Q^n=1$,则触发器只能接收置 0 信号($K=1$)。当 CP 信号下降沿到来时刻,触发器的次态 Q^{n+1} 由 $K=1$ 和 J 的状态决定;

(2) 如果触发器的初态 $Q^n=0$,则触发器只能接收置 1 信号($J=1$)。当 CP 信号下降沿到来时刻,触发器的次态 Q^{n+1} 由 $J=1$ 和 K 的状态决定.

本题的输出波形图如图 4.2.5 所示。

【例 4.1.4】 试分析图 4.2.6 所示电路得逻辑功能,列出真值表,写出特性方程及状态转换图。

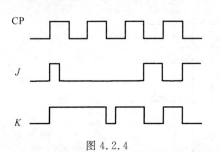

图 4.2.4

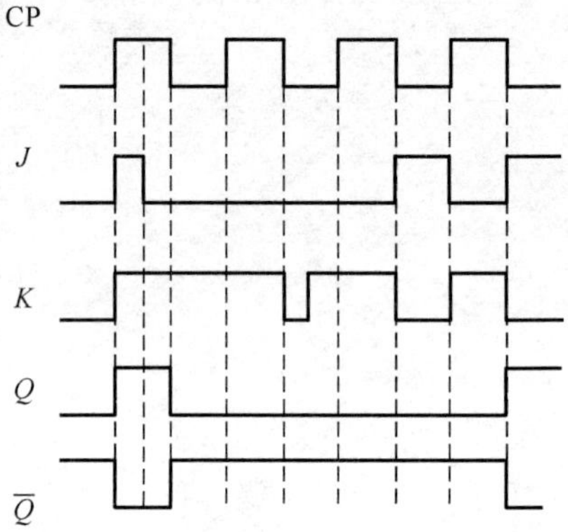

图 4.2.5

答:由图可知,当 CP＝1 时,输入信号 D 被封锁,电路保持原态不变。当 CP 由 1 变为 0 时,输入与门开启,电路的真值表如表 4.2.1 所示。

表 4.2.1

D	Q^n	Q^{n+1}	D	Q^n	Q^{n+1}
0	0	0	1	0	1
0	1	0	1	1	1

由真值表写出电路的特性方程为

$$Q^{n+1} = D$$

由此可见,该电路是 D 功能触发器,低电平时触发,其状态转换图如图 4.2.7 所示。

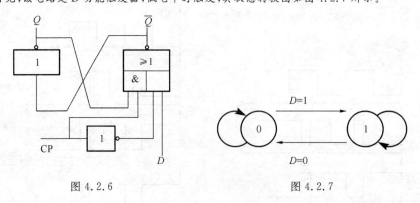

图 4.2.6

图 4.2.7

【例 4.1.5★】 若将同步 RS 触发器的 Q 与 R,$\overline{Q}$ 与 S 相连,如图 4.2.8(a)所示,试画出在 CP 信号作用下 Q 和 $\overline{Q}$ 端的电压波形。已知 CP 信号的宽度 $t_w=4t_{pd}$,如图 4.2.8(b)所示。t_{pd} 为门电路的平均传输延迟时间,假定 $t_{pd}=t_{PHL}=t_{PLH}$。设触发器的初始状态为 $Q=0$。

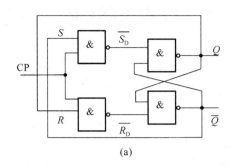 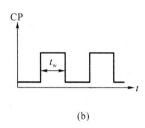

$$(a) \qquad\qquad\qquad (b)$$

图 4.2.8

答：由图 4.2.8(a)可知，第一个时钟脉冲到达之前，CP＝0，同步 RS 触发器的状态始终与初始状态一样：$Q=0$，$\overline{Q}=1$，$\overline{S_D}=\overline{R_D}=1$。

第一个时钟脉冲到达之后，CP＝1。经过一个 t_{pd}，$\overline{S_D}$ 变为 0，再经过一个 t_{pd}，$Q=1$，所以，两个 t_{pd} 之后，$Q=1$，$\overline{Q}=1$，$\overline{S_D}=0$，$\overline{R_D}=1$。

依次类推，三个 t_{pd} 之后，$Q=1$，$\overline{Q}=0$，$\overline{S_D}=\overline{R_D}=0$。

四个 t_{pd} 之后，$Q=1$，$\overline{Q}=1$，$\overline{S_D}=1$，$\overline{R_D}=0$。

五个 t_{pd} 之后，$Q=0$，$\overline{Q}=1$，$\overline{S_D}=1$，$\overline{R_D}=1$，触发器回归原始状态。

Q 和 $\overline{Q}$ 端的波形如图 4.2.9 所示。

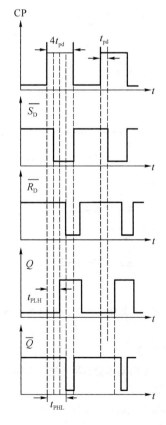

图 4.2.9

【例 4.1.6】 在图 4.2.10(a)所示电路中,CP 和 A 的电压波形如图 4.2.10(b)所示。试画出 Q 端对应的电压波形。触发器为主从结构,初始状态为 $Q=0$。

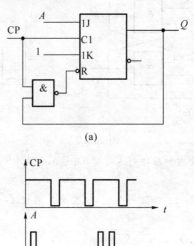

(a)

(b)

图 4.2.10

答:主从 JK 触发器的动作特点如下:CP=1 时,从触发器状态不变,主触发器最多翻转一次,且 $Q=0$ 时主触发器只接收置 1 信号,$Q=1$ 时主触发器只接收置 0 信号,CP=0 时,主触发器状态不变。从触发器的状态与主触发器一致。

由电路图可知,输出 $Q^{n+1}=J\overline{Q^n}+\overline{K}Q^n=J\overline{Q^n}=A\overline{Q^n}$

$\overline{R}=\overline{CP\cdot Q^n}=0$ 时 Q 端清零,所以输出波形如图 4.2.11 所示。

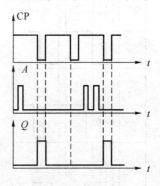

图 4.2.11

【例 4.1.7】 已知维持堵塞型 D 触发器各输入端的电压波形如图 4.2.12(a)所示,试画出输出 Q 的电压波形。

答:开始工作试,$\overline{R_D}=0$,$\overline{S_D}=1$,输出 $Q=0$。

当 $\overline{R_D}=\overline{S_D}=1$ 时,触发器正常工作,输出 Q 和 $\overline{Q}$ 的状态完全由输入信号 D_1 和 D_2 控制。根据 D 触发器的真值表,可画出输出波形如图 4.2.12(b)所示。

【例 4.1.8★】 若主从结构 RS 触发器个输入端的电压波形如图 4.2.13 所示,试画出 Q、$\overline{Q}$ 端对应的电压波形。设触发器的初始状态为 $Q=0$。

答:根据主从 RS 触发器的特性(详见【例 4.2.2】),画出 Q、$\overline{Q}$ 端对应的电压波形如图 4.2.14 所示。

其中,需要注意的是:在第 4 个 CP 脉冲高电平作用期间,$R=S=1$,使主触发器 $Q_1=\overline{Q_1}=1$,但从触发器的

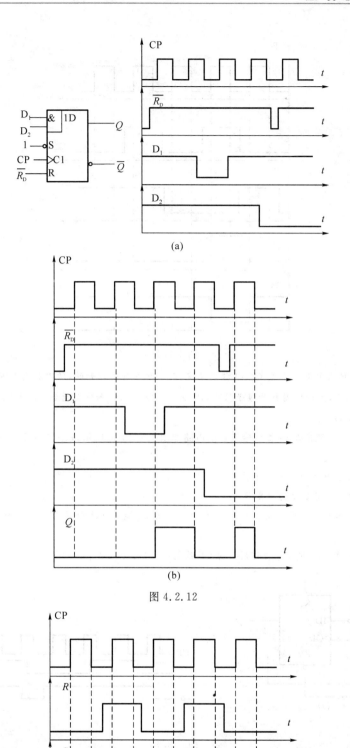

(a)

(b)

图 4.2.12

图 4.2.13

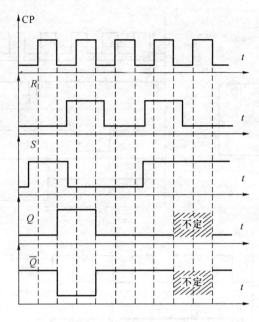

图 4.2.14

Q、$\overline{Q}$不变。一旦 CP 从 1 变为 0,则 Q_1、$\overline{Q}_1$ 状态不定,而从触发器是打开的,所以状态也不定。在第 5 个 CP 脉冲高电平作用期间,主触发器打开接受信号,使 $Q_1=0$,$\overline{Q}_1=1$,从触发器封锁,Q、$\overline{Q}$不变,仍为不定。一旦下降沿到来,$Q=0$,$\overline{Q}=1$。

【例 4.1.9★】 已知维持-堵塞 D 触发器的电路如图 4.2.15(a)所示,输入波形如图 4.2.15(b)所示,试画出 Q 端的波形。

答:维持-堵塞 D 触发器具有以下特点:

(1) 属于时钟上升沿触发的触发器。

(2) 触发后电路的次态 Q^{n+1} 由其状态方程 $Q^{n+1}=D$ 来决定(加到 D 端的输入信号必须在 CP 上升沿前存入)。

(3) 异步置 0、置 1 端 R_D,S_D 的作用不受 CP 控制,它们均为低电平有效。

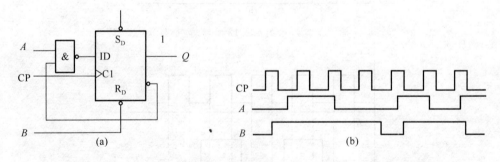

图 4.2.15

首先求出状态方程:

$$Q^{n+1} = D = \overline{A\,\overline{Q}}$$

图 4.2.15(a)中 S_D 接"1",R_D 接 B,因此只要 $B=0$,Q 端就置 0,只有当 $R_D S_D=11$,而且 CP 上升沿来到后,触发器才按 $Q^{n+1}=D=\overline{A\,\overline{Q}}$ 变化。因而,可据此画出 Q 端的波形如图 4.2.16 所示。

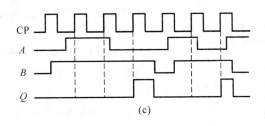

(c)

图 4.2.16

题型 2　触发器的逻辑功能

【例 4.2.1】 试画出在图 4.2.17(a)所示输入波形的作用下,上升和下降边沿 JK 触发器的输出波形。设触发器的初态为"0"。

答:上升(下降)边沿 JK 触发器只在触发脉冲 CP 的上升(下降)边沿到来时接收输入信号,触发器状态发生变化,由表 4.1.4 中 JK 触发器的特性方程:$Q^{n+1}=J\overline{Q^n}+\overline{K}Q^n$。可得本题答案如图 4.2.17(b)所示。

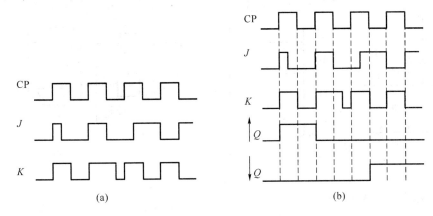

(a)　　　　　　　　　　　　(b)

图 4.2.17

【例 4.2.2】 将主从 JK 触发器转换成 D 触发器得电路结构和输入波形如图 4.2.18(a)、(b)所示。试画出输出 Q 的波形。设触发器的初态为 0。

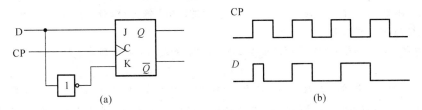

(a)　　　　　　　　　　　　(b)

图 4.2.18

答:本题将主从 JK 触发器转换成 D 触发器,转换前的特性方程为:$Q^{n+1}=J\overline{Q^n}+\overline{K}Q^n$。由图(a)可知,$J=D$,$K=\overline{D}$,所以转换后的特性方程为 $Q^{n+1}=D$。成为 D 触发器的特性方程。因而在时钟脉冲 CP 的控制下,当 $D=0$ 时,触发器的次态为 0。当 $D=1$ 时,触发器的次态为 1。如果在 CP=1 期间 D 信号有变化,则可按主从 JK 触发器来决定触发器的次态。即当 $Q^n=0$ 时,则 $D=J=1$ 信号被触发器所接收。当 $Q^n=1$ 时,则 $D=0(K=1)$ 被接收器所接收。

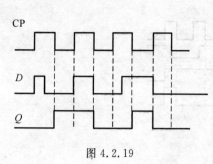

图 4.2.19

按照上述分析,可知本题的答案如图 4.2.19所示。

【例 4.2.3★】 试画出 JK 触发器转换成 AB 触发器的逻辑图。AB 触发器的功能表如图 4.2.20(a)所示。要求写出设计过程。

答:(1)将 AB 触发器的功能表转换成卡诺图,如图 4.2.20(b)所示。

(2)由卡诺图求出 AB 触发器的状态方程。化简图 4.2.20(b)所示卡诺图,得 AB 触发器的特性方程为

$$Q^{n+1} = \overline{A}\,\overline{Q^n} + \overline{A}BQ^n + A\overline{B}\,\overline{Q^n} = \overline{A}\,\overline{Q^n} + (\overline{A}B + A\overline{B})\,\overline{Q^n}$$

(3)将 AB 触发器的特性方程与 JK 触发器的特性方程相比较

$$Q^{n+1} = J\,\overline{Q^n} + \overline{K}Q^n$$

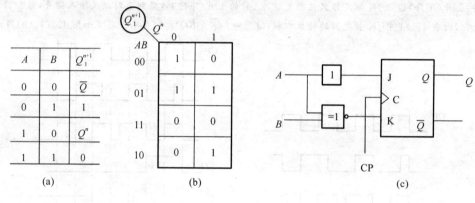

A	B	Q_1^{n+1}
0	0	$\overline{Q}$
0	1	1
1	0	Q^n
1	1	0

(a)

(b)

(c)

图 4.2.20

得 JK 触发器的驱动方程为

$$J = \overline{A}$$
$$K = \overline{A\,\overline{B} + \overline{A}B}$$

所以,其转换电路如图 4.2.20(c)所示。

【例 4.2.4★】 试写出图 4.2.21(a)~(d)中各电路的次态函数(即 Q_1^{n+1}、Q_2^{n+1}、Q_3^{n+1}、Q_4^{n+1} 与现态和输入变量之间的函数式),并画出在图 4.2.21(e)给定信号的作用下输出 Q_1、Q_2、Q_3、Q_4 的波形。各触发器均为边沿触发结构,初始状态均为 0。

答:本题的电路图都是由触发器和门电路组成,因此在知道两者之间的联系后,即可写出最后的输出逻辑表达式。

由图 4.2.21(a)可知 A,B 经过或非门在 P_1 的输出为:$P_1 = \overline{A+B}$;A,B 经过与非门在 P_1 的输出为:$P_2 = \overline{AB}$。可知 P_1 点接 RS 触发器的 S 端,P_2 点接在 RS 触发器的 R 端。由表 4.1.3 的 RS 触发器的特征方程可知。次态函数 Q_1^{n+1} 的表达式为

$$Q_1^{n+1} = \overline{A+B} + ABQ^n$$

同 4.2.21(a)图的分析,可知 $Q_2^{n+1} = ABQ_2^n$

$$Q_3^{n+1} = (A\odot B)\,\overline{Q_3^n} + (A\oplus B)Q_3^n$$
$$Q_4^{n+1} = A + B$$

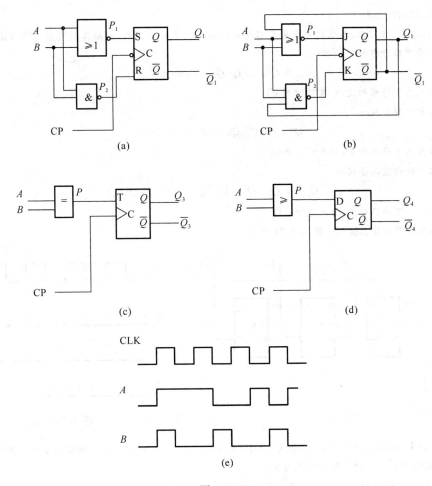

图 4.2.21

在画输出波形时,要注意触发的是脉冲信号上升沿还是下降沿。各触发器的输出波形如图 4.2.22 所示。

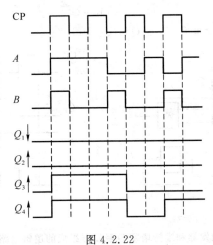

图 4.2.22

【例 4.2.5】 试画出图 4.2.23 电路在一系列脉冲信号作用下 Q_1、Q_2、Q_3 端输出波形。触发器均为边沿触发结构,初始状态为 0。

答:由图 4.2.23 可知,本电路中各触发器的时钟脉冲信号是不同的,因而各触发器的动作是异步的。

触发器 1 输出逻辑方程为

$$Q_1^{n+1} = Q_3^n \ \overline{Q_1^n} + \overline{CLK} Q_1^n$$

触发方式为下降沿触发,触发脉冲为 CP。

触发器 2 输出逻辑方程为

$$Q_2^{n+1} = Q_1^{n+1} \ \overline{Q_2^n} + Q_1^{n+1} Q_2^n = Q_1^{n+1}$$

触发方式为下降沿触发,触发脉冲为 $\overline{Q_1^{n+1}}$。

触发器 3 输出逻辑方程为

$$Q_3^{n+1} = Q_2^{n+1} \ \overline{Q_3^n} + \overline{Q_2^{n+1}} Q_3^n = Q_2^{n+1} \oplus Q_3^n$$

触发方式为下降沿触发,触发脉冲为 $\overline{Q_2^{n+1}}$。

可得各触发器的输出波形如图 4.2.24 所示。

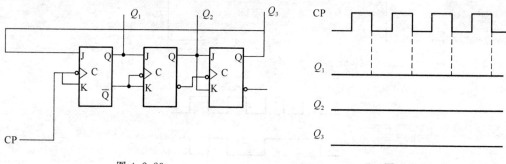

图 4.2.23   图 4.2.24

【例 4.2.6】 试画出图 4.2.25 电路在一系列脉冲信号 CP 作用下 Q、F_1、F_2 端输出波形。触发器为下降沿触发 JK 触发器。设触发器的初态为 0。

答:由图可知,输出 Q、F_1 和 F_2 的逻辑表达式分别为

$$Q_1^{n+1} = F_1^n \ \overline{Q_1^n} + \overline{F_2^n} Q_1^n$$

$$F_1^{n+1} = \overline{CLK} \cdot \overline{Q_1^{n+1}}$$

$$F_2^{n+1} = \overline{CLK} + \overline{Q_1^{n+1}}$$

所以在一系列脉冲作用下,输出 F_1、F_2 和 Q 的波形如图 4.2.26 所示。

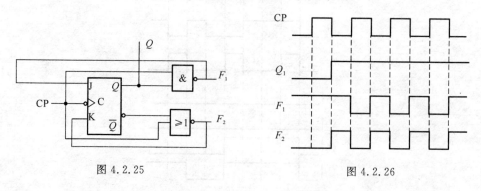

图 4.2.25   图 4.2.26

【例 4.2.7★】 由边沿 JK 触发器和维持堵塞 D 触发器组成的逻辑电路如图 4.2.27 所示。

试画出在时钟信号 CP_0、CP_1(其波形如图 4.2.28 所示)作用下 Q_0、Q_1、Q_2 端的波形。设触发器的初态为 0。

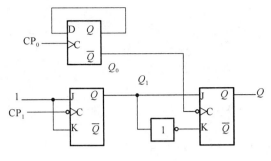

图 4.2.27

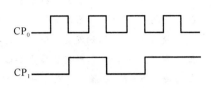

图 4.2.28

答：由图可知，本电路中各触发器的时钟脉冲信号是不同的，因而各触发器的动作是异步的。其输出逻辑表达式分别为

$Q_0^{n+1}=\overline{Q_0^n}$，其触发信号为 CP_0 的上升沿。

$Q_1^{n+1}=\overline{Q_1^n}$，其触发信号为 CP_1 的下降沿。

$Q_2^{n+1}=Q_1^n\ \overline{Q_2^n}+Q_1^n Q_2^n=Q_1^n$，其触发信号为 Q_0 的下降沿。

由上述表达式，可得输出波形如图 4.2.29 所示。

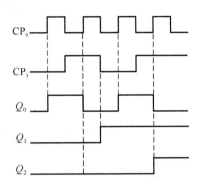

【例 4.2.8】 已知电路及 CP、A 的波形如图 4.2.30(a)、(b) 所示。设触发器的初始状态为 0，试画出输出端 B 和 C 的波形。

答：由图(a)可得出输出逻辑表达式为

$$B=D_1=\overline{Q_1^n}$$
$$C=D_2=Q_1^n$$
$$\overline{R_D}=\overline{Q_2^n}$$

图 4.2.29

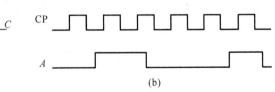

(a)　　　　　　　　　　　　(b)

图 4.2.30

由逻辑表达式可得输出波形如图 4.2.31 所示。

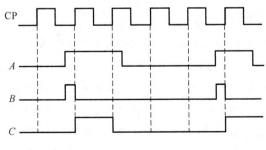

图 4.2.31

【例 4.2.9*】 已知同步式 RS 触发器的输入电压波形如图 4.2.32 所示，试画出 Q、$\overline{Q}$ 端的电压波形，假定触发器的初始状态为 0。

答：由同步式 D 触发器的真值表和特性方程 $Q^{n+1}=D$ 可知：

当 CP=0 时,触发器保持初态 $Q=0$;

当 CP=1 时,触发器的状态随输入信号发生多次变化:

在 t_1 期间 $S=1,R=0$,触发器置 1($Q=1$);

在 t_2 期间 $S=R=0$,触发器保持原态不变,故 Q 仍为高电平($Q=1$);

在 t_3 期间 $S=0,R=1$,触发器置 0($Q=0$);

在 t_4 期间 $S=R=0$,触发器又保持原态不变,Q 仍为低电平($Q=0$);

在 t_5 期间 $S=1,R=0$,触发器再置 1($Q=1$);

在 t_6 期间 $S=R=0$,触发器处于保持状态,Q 仍为高电平($Q=1$);随后

CP 变为低电平,触发器输出保持高电平不变,其电压波形如图 4.2.33 所示。

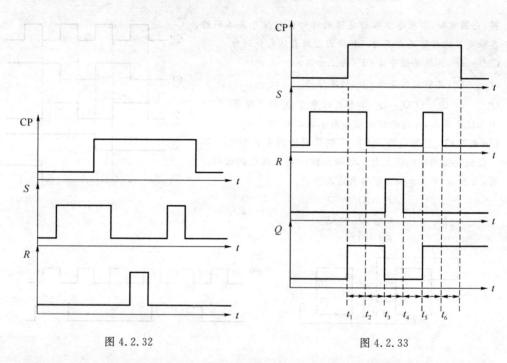

图 4.2.32　　　　　　　　　　　　图 4.2.33

【例 4.2.10】 图 4.2.34(a)所示为一个防抖动输出的开关电路。当拨动开关 S 时,由于开关触点接通瞬间发生振颤,$\overline{S_D}$,$\overline{R_D}$ 的电压波形如图 4.2.34(b)所示,试画出 Q,$\overline{Q}$ 端对应的电压波形。

答:基本 RS 触发器的特征方程为 $\begin{cases} Q^{n+1}=S+\overline{R}Q^n \\ S \cdot R=0(约束条件) \end{cases}$

如图 4.2.34(b)所示,开关触点的机械振荡能够转换成为 $\overline{S_D}$ 或 $\overline{R_D}$ 端的电气振荡,即"抖动"。基本 RS 触发器消除抖动的原理为:当 $\overline{S_D}$ 端从高电平变为低电平时,只要低电平持续时间大于基本 RS 触发器的传输延迟时间,基本 RS 触发器就会"置位",Q 和 $\overline{Q}$ 端分别变为高电平和低电平,此后,即使 $\overline{S_D}$ 端变为高电平,基本 RS 触发器依旧保持置位状态不变。同理,当 $\overline{R_D}$ 端从高电平变为低电平时,只要低电平持续时间大于基本 RS 触发器的传输延迟时间,基本 RS 触发器就会"复位",Q 和 $\overline{Q}$ 端分别变为低电平和高电平,此后,即使 $\overline{R_D}$ 端变为高电平,基本 RS 触发器依旧保持复位状态不变。可见,基本 RS 触发器能够把有抖动的输入转为无抖动的输出,防止后续电路因抖动产生误动作。

Q、$\overline{Q}$端对应的电压波形如图 4.2.35 所示。

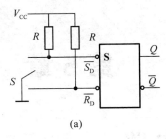

(a)

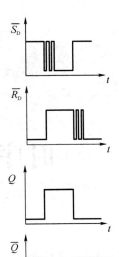

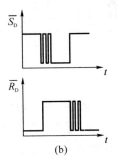

(b)

(c)

图 4.2.34　　　　　　图 4.2.35

第 5 章

时序逻辑电路

【基本知识点】时序逻辑电路的概念和电路结构特点。同步、异步的概念,电路现态、次态、有效状态、无效状态、有效循环、无效循环、自启动的概念,寄存、移位寄存的概念。同步计数器、异步计数器的一般分析方法。时序逻辑电路的设计方法。

【重点】同步、异步时序逻辑电路的分析。

【难点】时序逻辑电路的设计。

5.1 答疑解惑

5.1.1 什么是时序逻辑电路

逻辑电路分成组合逻辑电路和时序逻辑电路两种。从电路结构上讲,时序逻辑电路包括组合逻辑电路和存储电路两大部分,而且从输出到输入之间应用反馈路径。在时序逻辑电路中,任一时刻的电路的输出不仅取决于该时刻的电路的输入,而且还与电路以前的输入或历史状态有关。因此,时序逻辑电路必须具备存储电路(绝大多数由触发器构成)。

根据存储电路中触发器的时钟信号,可以将时序逻辑电路分为两大类:同步时序逻辑电路和异步时序逻辑电路。在同步时序逻辑电路中,只有一个统一的时钟脉冲,所有触发器的状态变化都发生在该时钟脉冲到达时刻。而在异步时序逻辑电路中,各触发器没有统一的时钟信号,因而各触发器的状态变化不是同时发生的。

5.1.2 时序电路的描述方法有哪些?

时序电路的逻辑功能一般可以由逻辑图;函数表达式;状态转移表;状态转移图和时序波形图来描述。

1. 函数表达式

从逻辑功能上将,一个时序逻辑电路任一时刻更新后的输出状态(次态),不仅与当时输入变量的状态有关,而且与电路原来所处的状态(原态)有关。时序逻辑电路的一般机构如图 5.1.1 所示。

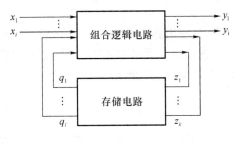

图 5.1.1

在图中，$X(x_1, x_2, \cdots, x_i)$ 代表外部输入信号，$Y(y_1, y_2, \cdots, y_i)$ 代表外部输出信号，$Z(z_1, z_2, \cdots, z_i)$ 代表储存电路的输入信号，$Q(q_1, q_2, \cdots, q_i)$ 代表储存电路的输出信号。它们之间的逻辑关系可以用三个向量方程表示：

输出方程 $Z(t_n) = F(X(t_n), Q(t_n))$

驱动方程 $Y(t_n) = G(X(t_n), Q(t_n))$

状态方程 $Q(t_{n+1}) = H(X(t_n), Q(t_n))$

2. 状态转换表

将输入信号、各触发器的现态、次态与输出信号的关系用表格形式表示，即称为状态转换表。

3. 状态转换图

为了更直观地分析时序逻辑电路的功能，将输入信号和各触发器的现态、次态，与输出信号的关系用图的形式表示，即为状态转换图。

4. 时序波形图

由给定的输入信号和时钟信号，根据状态表或状态图，以及触发器的触发特性，得到输出信号、触发器状态随时间变化的波形图称为时序波形图。

5.1.3 时序电路的分析方法有哪些？

组合电路由各种门电路组成，电路某一时刻的输出仅仅取决于该时刻的输入，而与以前各时刻的输入无关。

而时序电路由组合电路和存储电路两部分组成，存储电路是必须有的。具有如下特点：

（1）由具有"记忆"功能的"存储电路"记住电路当前时刻的状态，并产生下一时刻的状态；

（2）存储电路的基本单元电路是"触发器"；

（3）电路必须具有"反馈"功能；

（4）存储电路存储当前时刻的状态，称为"现态"或"原态"；下一时刻的状态，称为"次态"或"新态"。

对于一个给定的逻辑功能未知的时序逻辑电路，经过分析可以找出电路的状态转换规律，即可求得电路所能完成的逻辑功能，了解其工作特点，这是分析一个时序逻辑电路要达到的目的。

1. 同步时序电路分析

对于同步时序逻辑电路的分析，一般有 2 种方法。

方法一：

（1）根据给定的逻辑电路图，写出各个触发器的驱动方程和整个电路的输出方程。

（2）列出状态转化表。一般设触发器的初态为全"0"，通过驱动方程，求出对应的数据端的状态，并确定时钟作用后的新状态，以此新状态为原状态，继续上述过程，直至状态出现循环为止。

（3）作出状态转换图。

（4）确定电路的逻辑功能。根据状态转化表和状态转换图，确定电路能够完成的逻辑功能。

（5）检查电路是否具有自启能力。如果电路有如果电路有无效状态存在，应将所有的无效状态逐个代入电路的状态方程，计算次态。如果它们都能在时钟脉冲作用下转换到有效时序中去，则说明此电路具有自启能力，由此可画出完整的状态转换图。如果这些无效状态在时钟脉冲的作用下不能转换到有效时序中去，或产生无效循环，则说明此电路无自启能力。

方法二：

（1）根据给定的逻辑电路图，写出各个触发器的驱动方程和整个电路的输出方程。

（2）求状态方程。将各个触发器的驱动方程代入相应类型的触发器的特性方程中，即可求得各个触发器的状态方程。

（3）列出状态转换表。给电路先任意设定一个初态，代入状态方程，计算出次态及输出，然后以此次态作为初态。再次代入状态方程，计算出下一个次态，如此进行下去，直到状态出现循环为止。

（4）画出状态转换图。

（5）检查电路是否具有自启动能力。

2. 异步时序电路分析

异步时序逻辑电路的分析过程比同步时序逻辑电路的分析过程稍复杂一些，由于各个触发器不是共用一个时钟信号，因此分析异步时序逻辑电路，不但要写出驱动方程和状态方程，还要写出时钟方程。在列状态转换表是，首先要判断有无时钟信号的动作沿：若有，可由状态方程决定下一个新状态；若无，触发器状态不变。其他过程与同步时序逻辑电路的分析方法相同。

5.1.4 什么是寄存器？

寄存器是用来存入二进制数码或信息的，按功能划分为数码寄存器和移位寄存器两大类。

1. 数码寄存器

数码寄存器是用来存放数码，一般具有接收数码、读出数码、保持并清除原有数码等功能。由 4 个 D 触发器组成的 4 位数码寄存器如图 5.1.2 所示，触发器为上升沿触发。根据接收数码方式的不同，数码寄存器又可分为双拍接收方式和单拍接收方式两种。双拍接收方式就是首先对寄存器清零，然后再接收和存放数码；单拍接收方式，就是在接收数码的同时清除原有的数码。

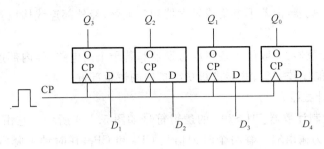

图 5.1.2

2. 移位寄存器

移位寄存器除具有数码寄存器的功能外,还具有数码移位的功能,即在时钟脉冲的作用下,能够把寄存器中存放的数码依次左移或右移。由 4 个 D 触发器组成的 4 位移位寄存器如图 5.1.3 所示。按照所存放数码移位方向的不同,移位寄存器可分为单向(左移或右移)移位寄存器和双向移位寄存器,同时规定向高位移位右移,向低位移位为左移。按照所存放数码的输入、输出方式的不同,移位寄存器又可有串行输入、串行移出、并行输入、并行输出4 种方式。它们之间可互相搭配工作。

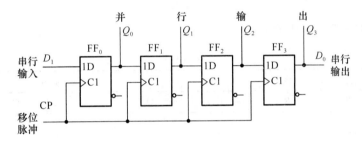

图 5.1.3

5.1.5 什么是计数器?

计数器是应用最广泛的一种时序逻辑电路。它也是由各类触发器和一些用于控制的门电路组成。

计数器所记忆的不同状态,可用来表示输入计数器的脉冲个数。计数器不仅可以用来计数,也可用于分频、定时等。计数器种类繁多,按照不同的分类方式可以分为以下 4 类:

(1) 按照计数器时钟端脉冲输入方式来分,可以分为同步计数器(各触发器受同一 CP信号控制)和异步计数器(各触发器不受同一 CP 信号控制)。

(2) 按照计数过程中计数器输出态序分,可以分为加法计数器(输出为递增计数)、减法计数器(输出为递减计数)和可逆计数器(可加减计数)。

(3) 按进位模数来分。所谓金属模,就是指计数器所经历的独立状态个数,即进位制的数。模“2”计数器,即指进位模为“2”的计数器,其中 n 为触发器级数。非模“2”计数器,其进位模非“2”,如十进制计数器,七进制计数器等。

(4) 按电路集成度分,可以分为小规模集成计数器和中规模集成计数器。

小规模集成计数器:由若干个集成触发器和门电路,经外部连线构成具有计数功能的逻辑电路。

中规模集成计数器:一般用 4 各集成触发器和若干个门电路,经内部连接集成在一块硅片上,它是计数功能比较完善、并能进行功能扩展的逻辑部件。

1. 异步集成计数器

(1)异步二进制计数器 74LS293 的逻辑符号如图 5.1.4 所示。它由 4 个 T′触发器组成,Q_0,Q_1,Q_2,Q_3 为输出端。有两个时钟信号 CP_0 和 CP_1,在时钟下降沿触发。它设有两个复位端 R_{0A} 和 R_{0A},高电平有效,当 R_{0A} 和 R_{0B} 全为 1 时,计数器异步清零;当 R_{0A} 和 R_{0B} 为其他状态时,计数器工作在计数状态。

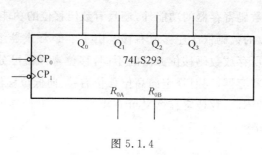

图 5.1.4

其功能表如表 5.1.1 所示。

表 5.1.1

功能	输入			输出			
	CP	R_{0A}	R_{0A}	Q_0	Q_1	Q_2	Q_3
清零	×	1	1	0	0	0	0
计数	↓	0	×	计数			
	↓	×	0				

(2)异步二-五-十进制计数器 7LS290 的逻辑符号图如图 5.1.5 所示。它有 4 个触发器和 2 个与非门组成。

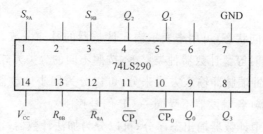

图 5.1.5

图中:$\overline{CP_0}$ 是 2 分频时钟输入端(下降沿有效)

$\overline{CP_1}$ 是 5 分频时钟输入端(下降沿有效)

$Q_0 \sim Q_3$ 是输出端　R_{0A},R_{0B} 是异步复位端　S_{9A},S_{9B} 是异步置 9 端

其功能如表 5.1.2 所示。

表 5.1.2

输入						输出			
R_{0A}	R_{0B}	S_{9A}	S_{9B}	$\overline{CP_0}$	$\overline{CP_1}$	Q_3	Q_2	Q_1	Q_0
1	1	○	×	×	×	0	0	0	0
1	1	×	○	×	×	0	0	0	0
×	×	1	1	×	×	1	0	0	1
×	○	×	○	↓		二进制计数			
○	×	○	×		↓	五进制计数			
○	×	×	○	↓	Q_0	8421 码十进制计数			
×	○	○	×	Q_3	↓	5421 码十进制计数			

由功能表可知,74LS290 具有如下功能:

直接复零(输出为 0000),当 R_{0A} 和 R_{0B} 全是高电平,S_{9A} 和 S_{9B} 有低电平,各触发器 R 端为低电平,各触发器输出为零,实现清零功能。由于"清零"不须与时钟同步,故这种清零称为"异步清零"。

置 9(1001)。当,S_{9A} 和 S_{9B} 均为高电平,实现置 9 功能。

计数。当 R_{0A},R_{0B},S_{9A},S_{9B} 输入有低电平,各触发器恢复正常功能,在时钟脉冲的下降沿实现计数操作:

① 十进制计数。将 $\overline{CP_1}$ 和 Q_0 连接,计数脉冲由 CP_0 输入,则构成 2×5 的十进制计数器,该十进制计数器的状态转换表如表 5.1.3 所示,状态 $Q_0 Q_1 Q_2 Q_3$ 输出 8421 的 BCD 码。

表 5.1.3

CP_0	Q_3	Q_2	Q_1	Q_0	CP_0	Q_3	Q_2	Q_1	Q_0
0	0	0	0	0	5	0	1	0	1
1	0	0	0	1	6	0	1	1	0
2	0	0	1	0	7	0	1	1	1
3	0	0	1	1	8	1	0	0	0
4	0	1	0	0	9	1	0	0	1

② 5×2 十进制计数器。将 $\overline{CP_0}$ 和 Q_3 连接,计数脉冲由 CP_1 输入,则构成 5×2 的十进制计数器,该十进制计数器的状态转换表如表 5.1.4 所示,状态 $Q_0 Q_1 Q_2 Q_3$ 输出 5421 的 BCD 码。

表 5.1.4

CP_0	Q_3	Q_2	Q_1	Q_0	CP_0	Q_3	Q_2	Q_1	Q_0
0	0	0	0	0	5	0	0	0	1
1	0	0	1	0	6	0	0	1	0
2	0	1	0	0	7	0	1	0	1
3	0	1	1	0	8	0	1	1	0
4	1	0	0	0	9	1	0	0	1

③ 二进制、五进制计数器。Q_0 为二进制输出,$Q_1 \sim Q_3$ 为五进制输出端。

2. 同步集成计数器

（1）同步集成计数器 74LS161 的逻辑符号框图如图 5.1.6 所示。它由 4 各主从 JK 触发器组成，各触发器的翻转是在时钟信号上升沿完成。$\overline{CR}$ 是异步清零端，CT_P，CT_T 是计数控制端，$\overline{LD}$ 是预置控制端，D_0、D_1、D_2、D_3 是 4 各数据输入端，CO 是进位输出端。

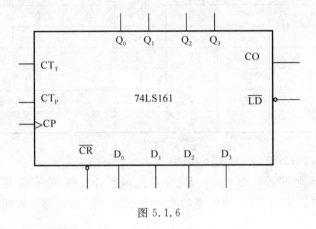

图 5.1.6

其功能表如表 5.1.5 所示。

表 5.1.5

| | | 输入 | | | | | | | | | 输出 | | |
CP	$\overline{CR}$	$\overline{LD}$	CT_P	CT_T	D_0	D_1	D_2	D_3	Q_0	Q_1	Q_2	Q_3
×	0	×	×	×	×	×	×	×	0	0	0	0
↑	1	0	×	×	D_0	D_1	D_2	D_3	D_0	D_1	D_2	D_3
×	1	1	0	×	×	×	×	保持				
×	1	1	×	0	×	×	×	保持				
↑	1	1	1	1	×	×	×	计数				

其功能如下所述：

① 置数：当 $\overline{CR}=1$，$\overline{LD}=0$，CP 上升沿到来后，$Q_0 Q_1 Q_2 Q_3$ 输出为 $D_0 D_1 D_2 D_3$。输出端反映输入数据状态。送数在 CP 上升沿时进行，故称同步置数。

② 计数：当 $\overline{CR}=1$，$\overline{LD}=1$，$CT_P=CT_T=1$ 时，计数器处于计数状态，随着时钟脉冲上升沿的到来，触发器翻转，计数器开始工作，电路状态按自然序态变化。CO 是进位输出信号，$CO=Q_0 Q_1 Q_2 Q_3 CT_T$，当 $Q_0 \sim Q_3$ 及 CT_T 均为 1 时，$CO=1$，产生正进位脉冲。

③ 保持：当 $\overline{CR}=1$，$\overline{LD}=1$，CT_P 或 $CT_T=0$ 时，计数器处于保持状态，此时即使有 CP 脉冲，各触发器的状态仍保持不变。

④ 清零：当 $\overline{CR}=0$ 时，计数器清零，与 CP 无关，所以称为异步清零。

（2）同步可逆计数器 74LS193 是双时钟输入 4 位二进制同步可逆计数器，其逻辑符号框图如图 5.1.7 所示。

功能表如表 5.1.6 所示。

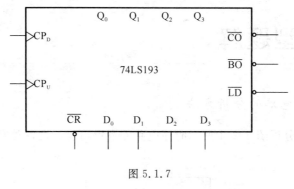

图 5.1.7

表 **5.1.6**

输入								输出				功能
CR	$\overline{LD}$	CP_D	CP_U	D_0	D_1	D_2	D_3	Q_0	Q_1	Q_2	Q_3	
1	×	×	×	×	×	×	×	0	0	0	0	异步清零
0	0	×	×	D_0	D_1	D_2	D_3	D_0	D_1	D_2	D_3	异步置数
0	1	1	↑	×	×	×	×	加法计数				计数
0	1	↑	1	×	×	×	×	减法计数				

从功能表可知,74LS193 具有清零(CR)、预置($\overline{LD}$)、加法计数(CP_U)和减法计数(CP_D)等功能。

① 异步清零:当 CR＝1 时,不管 CP_U 及 CP_D 是什么状态,计数器异步清零。

② 异步置数:当 CR＝$\overline{LD}$＝0 时,将 $D_0D_1D_2D_3$ 的状态送至 $Q_0Q_1Q_2Q_3$,实现预置送数。由于与 CP_U 及 CP_D 无关,所以是异步置数。

③ 加法计数:当 CR＝0,$\overline{LD}$＝1,CP_D＝1 时,CP_U 上升沿到来时,作加法计算。

④ 减法计数:当 CR＝0,$\overline{LD}$＝1,CP_U＝1 时,CP_D 上升沿到来时,作减法计算。

74LS193 还有两个输出年,一个是加法进位输出$\overline{CO}$端,一个是减法借位输出$\overline{BO}$端。在进行加法计数时,当计数器输出位 1111 状态,且 CP_U 为低电平时,$\overline{CO}$输出一个负脉冲,进位信号脉冲宽度为半个 CP_U 周期。在进行减法计数时,当计数器状态为 0000,且 CP_D 为低电平时,$\overline{BO}$输出一个负脉冲借位信号。

5.1.6　如何设计时序逻辑电路?

时序逻辑电路的设计是时序逻辑电路分析的逆过程,它根据给定的功能要求,通过设计得到一个满足预定要求的时序逻辑电路。其一般步骤为

(1)首先需要对具体问题经过逻辑抽象后,得出状态转换图或状态转换表;

(2)进行状态化简,状态分配;

(3)选定触发器类型,秋初电路的状态方程,驱动方程和输出方程;

(4)画出逻辑图,检查电路的自启动能力。

5.2 典型题解

题型 1 时序逻辑电路的分析方法

【例 5.1.1】 试分析图 5.2.1 所示时序电路的逻辑功能。设各触发器的初态均为 0。

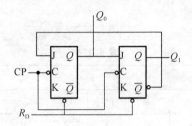

图 5.2.1

答：由图可知，此时序电路为同步时序电路，故可根据其分析方法步骤来分析此题。

(1) 该电路由两个 JK 触发器组成，触发器的驱动方程为

$$J_0 = \overline{Q_1}, \quad K_0 = 1$$
$$J_1 = Q_0, \quad K_1 = 1$$

由 JK 触发器的特性方程得到本电路的状态方程和输出方程为

$$Q_0^{n+1} = \overline{Q_1^n Q_0^n}$$
$$Q_1^{n+1} = Q_0^n \overline{Q_1^n}$$

(2) 由状态方程可求得各种组态的次态和输出。可列出状态表如表 5.2.1 所示。

表 5.2.1

现态		触发器输入				次态	
Q_1^n	Q_0^n	J_1	K_1	J_0	K_0	Q_1^{n+1}	Q_0^{n+1}
0	0	0	1	1	1	0	1
0	1	1	1	1	1	1	0
1	0	0	1	0	1	0	0
1	1	1	1	0	1	0	0

(3) 由状态表可知，该电路实际上只有 3 种状态循环。由表即可得到状态图如图 5.2.2 所示。

(4) 由状态图可以确定，本逻辑电路为同步三进制计数器。可自启动。

【例 5.1.2】 已知时序电路如图 5.2.3 所示。设各触发器的初态均为 0。试写出电路的状态方程、输入方程和输出方程并画出 Q_2、Q_1 和 Q_0 的时序图。

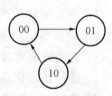

图 5.2.2

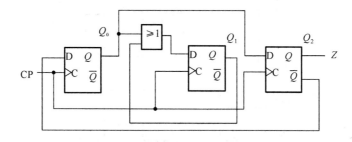

图 5.2.3

答:由图可知,本电路为同步时序逻辑电路,且各触发器的均为上升沿触发。

(1)由图可知驱动方程为

$$D_0 = \overline{Q_2}; D_1 = Q_0 + Q_1; D_2 = Q_0$$

状态方程为

$$Q_0^{n+1} = \overline{Q_2^n}; Q_1^{n+1} = Q_0^n + Q_1^n; Q_2^{n+1} = Q_0^n$$

输出方程为

$$Z = Q_0^n$$

(2)由状态方程可得状态表如表 5.2.2 所示。

表 5.2.2

现态			次态			输出
Q_2^n	Q_1^n	Q_0^n	Q_2^{n+1}	Q_1^{n+1}	Q_0^{n+1}	Z
0	0	0	0	0	1	0
0	0	1	1	1	1	1
0	1	0	0	1	1	0
0	1	1	1	1	1	1
1	0	0	0	0	0	1
1	0	1	1	1	0	1
1	1	0	0	1	0	0
1	1	1	1	1	0	1

(3)由状态表得状态图和时序图分别如图 5.2.4、图 5.2.5 所示。

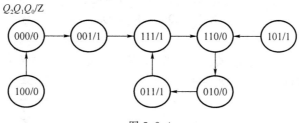

$Q_2Q_1Q_0/Z$

图 5.2.4

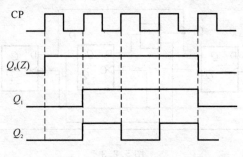

图 5.2.5

【例 5.1.3★】 分析图 5.2.6 所示逻辑电路。试画出对应 CP 和输入 X 的输出端 Q_0、Q_1、Q_2 和 Q_3 的波形,并说明电路的逻辑功能。设各触发器初态均为 0。波形图如图 5.2.7 所示。

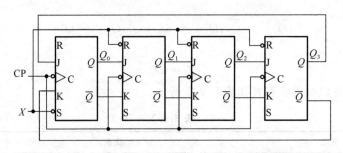

图 5.2.6

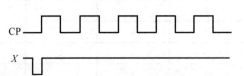

图 5.2.7

答: 由图可知,本电路为同步时序逻辑电路,且各触发器的均为下降沿触发。

(1) 由图可知驱动方程为

$$J_0 = Q_3; \quad K_0 = \overline{Q_3}$$
$$J_1 = Q_0; \quad K_1 = \overline{Q_0}$$
$$J_2 = Q_1; \quad K_2 = \overline{Q_1}$$
$$J_3 = Q_2; \quad K_3 = \overline{Q_2}$$

状态方程为

$$Q_0^{n+1} = Q_3^n; \quad Q_1^{n+1} = Q_0^n; \quad Q_2^{n+1} = Q_1^n; \quad Q_3^{n+1} = Q_2^n$$

(2) 由状态方程可得状态表如表 5.2.3 所示。

表 5.2.3

现态	次态
$Q_3^n Q_2^n Q_1^n Q_0^n / X$	$Q_3^{n+1} Q_2^{n+1} Q_1^{n+1} Q_0^{n+1}$
0000/0	0001
0001/1	0010
0010/1	0100
0100/1	1000
1000/1	0001

（3）由状态表得状态图如图 5.2.8 所示。

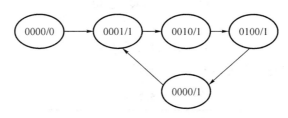

图 5.2.8

由图表可知,此电路为循环电路。

（4）Q_0、Q_1、Q_2 和 Q_3 输出波形如图 5.2.9 所示。

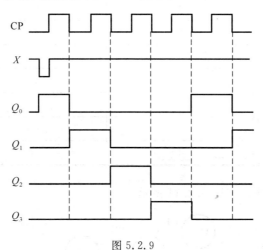

图 5.2.9

【例 5.1.4】 分析图 5.2.10 给出的时序电路,说明电路的逻辑功能。设各触发器的初始状态均为 0。

答:由图可知,本电路为同步时序逻辑电路,且各触发器的均为下降沿触发。

（1）由图可知驱动方程为

$$J_0 = K_0 = 1$$
$$J_1 = K_1 = A \oplus Q_0$$

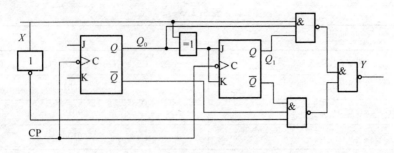

图 5.2.10

状态方程为

$$Q_0^{n+1} = \overline{Q_0^n}$$

$$Q_1^{n+1} = X \oplus Q_0^n \oplus Q_1^n$$

输出方程为

$$Y = X Q_0^n Q_1^n + \overline{X} \, \overline{Q_0^n} \, \overline{Q_1^n}$$

（2）由状态方程可得状态表如表 5.2.4 所示。

表 5.2.4

现态	输入	次态	输出
$Q_1^n Q_0^n$	X	$Q_1^{n+1} Q_0^{n+1}$	Y
00	0	01	1
00	1	01	0
01	0	10	0
01	1	10	0
10	0	11	0
10	1	11	0
11	0	00	0
11	1	00	0

（3）由状态表得状态图如图 5.2.11 所示。

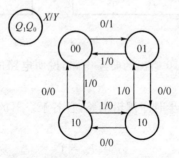

图 5.2.11

（4）由状态表和状态转换图可知,当输入 $X=0$ 时逻辑电路作二进制加法计算;$X=1$ 时作二进制减法计算。

【例 5.1.5★】 由 D 触发器构成的 3 位环扭型计数器电路如图 5.2.12 所示,电路不能自启动,合理修改反馈逻辑,使电路能自启动。画出修改后的电路及状态转换图。

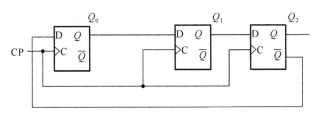

图 5.2.12

答:此电路使同步时序逻辑电路。

（1）列出电路的驱动方程为
$$D_0=\overline{Q_2};\quad D_1=Q_0;\quad D_2=Q_1$$

状态方程为
$$Q_0^{n+1}=\overline{Q_2^n};\quad Q_1^{n+1}=Q_0^n;\quad Q_2^{n+1}=Q_1^n$$

（2）列状态表如表 5.2.5 所示。

表 5.2.5

现态	次态	现态	次态
$Q_2^n Q_1^n Q_0^n$	$Q_2^{n+1} Q_1^{n+1} Q_0^{n+1}$	$Q_2^n Q_1^n Q_0^n$	$Q_2^{n+1} Q_1^{n+1} Q_0^{n+1}$
0 0 0	0 0 1	1 0 0	0 0 0
0 0 1	0 1 1	1 0 1	0 1 0
0 1 0	1 0 1	1 1 0	1 0 0
0 1 1	1 1 1	1 1 1	1 1 0

（3）列出状态转换图如图 5.2.13 所示。

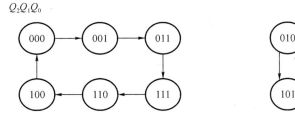

图 5.2.13

由状态转换图可知,电路不能自启动。

若将无效循环的环打开,使其中的状态码有 1 个在 CP 作用下能进入到有效状态的循环中,则电路就能够自启动了。本题中,可修改 101 的下一个状态,使之变成 011,这里改变了 Q_1、Q_0 的转换状态。修改后的状态转换图如图 5.2.14 所示。

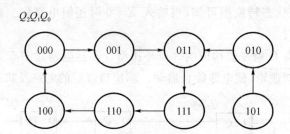

图 5.2.14

画出经过修改次态后电路的 Q^{n+1} 的卡诺图,如图 5.2.15 所示。

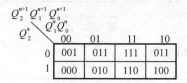

图 5.2.15

对卡诺图进行化简,可得出修改后的驱动方程为

$$D_0 = \overline{Q_2}; \quad D_1 = Q_0; \quad D_2 = Q_0 Q_1 + Q_1 Q_2$$

修改后的逻辑图如图 5.2.16 所示。

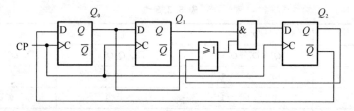

图 5.2.16

【例 5.1.6】 已知时序电路如图 5.2.17 所示,假设触发器的初始状态均为 0。试

(1)写出电路的状态方程和输出方程。

(2)分别列出输入 $X=0, X=1$ 两种情况下的状态转化表,说明其逻辑功能。

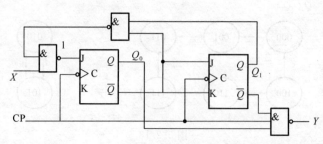

图 5.2.17

答:此电路使同步时序逻辑电路。

（1）列出电路的驱动方程为

$$J_0 = \overline{\overline{Q_0 Q_1} \cdot X}; \quad K_0 = 1$$

$$J_1 = \overline{Q_0}; \quad K_1 = \overline{Q_0}$$

状态方程为

$$Q_0^{n+1} = \overline{Q_0^n} \overline{X} + Q_1^n \overline{Q_0^n}; \quad Q_1^{n+1} = \overline{Q_0^n \oplus Q_1^n}$$

输出方程

$$Z = Q_0^n \overline{Q_1^n} CP$$

（2）$X=0$ 和 $X=1$ 两种情况下的状态转换表如表 5.2.6 所示。

表 5.2.6

现态	输入	次态
$Q_1^n Q_0^n$	X	$Q_1^{n+1} Q_0^{n+1}$
0　0	0	1　1
0　0	1	1　0
0　1	0	0　0
0　1	1	0　0
1　0	0	0　1
1　0	1	0　1
1　1	0	1　0
1　1	1	1　0

其状态转换图如图 5.2.18 所示。

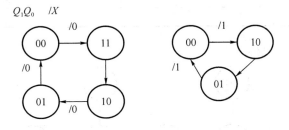

图 5.2.18

可知当 $X=0$ 时，为 2 位二进制减法计数器；当 $X=0$ 时，为三进制减法计数器。

【例 5.1.7★】 试用状态转换图（或时序表）分析图 5.2.19 所示时序电路，确定它是几进制计数器，并进行自启动检验。

答:由图可知 $CP_0 = CP, CP_1 = Q_0, CP_2 = CP$，所以是异步电路。

（1）写出驱动方程，求状态方程

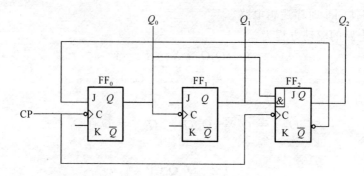

图 5.2.19

$$J_0 = \overline{Q_2^n}, \qquad K_0 = 1$$

$$J_1 = 1, \qquad K_1 = 1$$

$$J_2 = Q_0^n Q_1^n, \qquad K_2 = 1$$

将驱动方程代入 JK 触发器的特性方程,得状态方程为

$$Q_0^{n+1} = \overline{Q_2^n} \ \overline{Q_0^n} \cdot (CP)$$

$$Q_1^{n+1} = \overline{Q_1^n} \cdot (Q_0^n)$$

$$Q_2^{n+1} = Q_0^n Q_1^n \ \overline{Q_2^n} \cdot (CP)$$

(2)由状态方程画出状态转换真值表,如表 5.2.7 所示,画成状态转换图如图 5.2.20 所示。

表 5.2.7

CP	Q_2^n	Q_1^n	Q_0^n	Q_2^{n+1}	Q_1^{n+1}	Q_0^{n+1}
1	0	0	0	0	0	1
2	0	0	1	0	1	0
3	0	1	0	0	1	1
4	0	1	1	1	0	0
5	1	0	0	0	0	0
6	1	0	1	0	1	0
7	1	1	0	0	1	0
8	1	1	1	0	0	0

$Q_2 Q_1 Q_0$

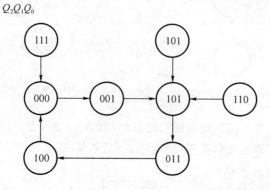

图 5.2.20

判断逻辑功能。该电路是一个异步的、能自启动的五进制加法计数器。

【例 5.1.8】 已知同步时序电路如图 5.2.21 所示,设各触发器初态为 0,试分析其逻辑功能,要求列出驱动、状态、输入方程,真值表,状态表和状态转换图。

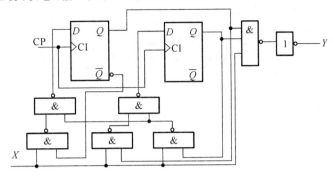

图 5.2.21

答:(1)根据电路图,列出 3 个方程为

驱动方程:$D_0 = X(\overline{Q_0} + Q_1)$,$D_1 = X(Q_0 + Q_1)$

状态方程:$Q_0^{n+1} = D_0 = X(\overline{Q_0} + Q_1)$,$Q_1^{n+1} = D_1 = X(Q_0 + Q_1)$

输出方程:$Y = X Q_0^n Q_1^n$

(2)由状态方程列出真值表如表 5.2.8 所示。

表 5.2.8

X	Q_1^n	Q_0^n	Q_1^{n+1}	Q_0^{n+1}	Y
0	0	0	0	0	0
0	0	1	0	0	0
0	1	0	0	0	0
0	1	1	0	0	0
1	0	0	0	1	0
1	0	1	1	0	0
1	1	0	1	0	0
1	1	1	1	1	1

(3)由真值表可得状态表如表 5.2.9 所示。

表 5.2.9

$Q_1^n Q_0^n$ \ X	$Q_1^{n+1} Q_0^{n+1}/F$	
	0	1
00	00/0	01/0
01	00/0	10/0
10	00/0	11/0
11	00/0	11/1

（4）画出状态转换图如图 5.2.22 所示。

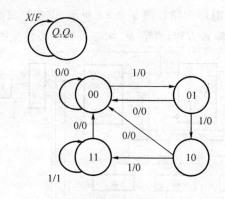

图 5.2.22

分析可知，当 $X=1$ 时，此电路为同步四进制加法计数器。

【例 5.1.9★】 已知异步时序逻辑电路如图 5.2.23 所示，设各触发器的初态为 0，试分析其逻辑功能。

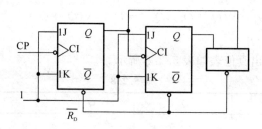

图 5.2.23

答：（1）根据电路图，列出 3 个方程为

驱动方程：$J_0=K_0=1, J_1=K_1=1$

状态方程：$Q_0^{n+1}=\overline{Q_0^n} \cdot (\text{CP} \downarrow), Q_1^{n+1}=\overline{Q_1^n} \cdot (Q_0 \downarrow)$

时钟方程：$\text{CP}_0=\text{CP}, \text{CP}_1=Q_0$

（2）由状态方程列出时序表如表 5.2.10 所示。

表 5.2.10

时序	触发器状态		时钟边沿	
CP	Q_1	Q_0	CP_1	CP_0
0	0	0		
1	0	1		
2	1	0		↓
3	1	1	↓	↓
0	0	0		↓

（3）画出状态转换图和波形图如图 5.2.24 和图 5.2.25 所示。

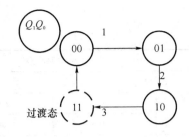

图 5.2.24

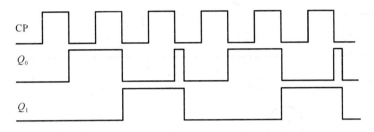

图 5.2.25

【例 5.1.10】 试分析图 5.2.26 所示电路的逻辑功能。设各触发器初态为 0。要求列出方程、时序表,画出状态图、时序图。

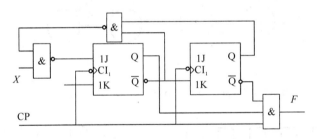

图 5.2.26

答:由图可知,该电路的组合部分由两个非门和一个与门组成,记忆电路由两级 JK 触发器组成。F 为输出信号,X 为外部输入信号。由于只有一个时钟信号 CP,所以该电路是同步时序电路。

（1）由图列出 3 个方程

驱动方程
$$J_0 = \overline{X} + Q_1 \overline{Q_0}$$
$$K_0 = 1$$
$$J_1 = K_1 = \overline{Q_0}$$

状态方程
$$Q_0^{n+1} = (\overline{X} + Q_1^n) \overline{Q_0^n}$$
$$Q_1^{n+1} = \overline{Q_0^n} \, \overline{Q_1^n} + Q_0^n Q_1^n$$

输出方程
$$F = Q_0^n \, \overline{Q_1^n} \, \mathrm{CP}$$

（2）将 X 作为输入逻辑变量，F 作为输出逻辑变量，根据初态计算次态列出时序表如表 5.2.11 所示。

表 5.2.11

计数脉冲 CP	电路状态				
	$X=0$			$X=1$	
	$Q_1 Q_0$	/F		$Q_1 Q_0$	/F
0	00	/0		00	/0
1	11	/0		10	/0
2	10	/0		01	/0
3	01	/0		00	/1
4	00	/1		10	

（3）根据时序表画出状态转换图如图 5.2.27 所示。

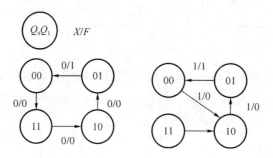

图 5.2.27

（4）根据状态图画出时序图如图 5.2.28，图 5.2.29 所示。

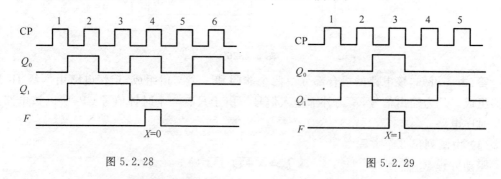

图 5.2.28

图 5.2.29

由图可知，当 $X=0$ 时，该电路按四进制减法计数；

当 $X=1$ 时，该电路按三进制减法计数。

题型 2　常用的时序逻辑电路

【例 5.2.1】　试用四位双向移位寄存器 T454 和其他组件设计 6 移位型寄存器。T454 的逻辑符号和功能表分别如图 5.2.30 和表 5.2.12 所示。

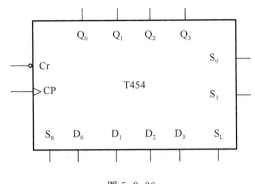

图 5.2.30

表 5.2.12

输入									输出			
C_r	S_0	S_1	CP	S_L	S_R	D_0	D_1	D_2	D_3	Q_0	Q_1	Q_2	Q_3
0	×	×	×	×	×	×	×	×	×	0	0	0	0
1	×	×	0	×	×	×	×	×	×	保持			
1	1	1	↑	×	×	D_0	D_1	D_2	D_3	D_0	D_1	D_2	D_3
1	1	0	↑	×	0	×	×	×	×	0	Q_0^n	Q_1^n	Q_2^n
1	1	0	↑	×	1	×	×	×	×	1	Q_0^n	Q_1^n	Q_2^n
1	0	1	↑	0	×	×	×	×	×	Q_1^n	Q_2^n	Q_3^n	0
1	0	1	↑	1	×	×	×	×	×	Q_1^n	Q_2^n	Q_3^n	1
1	0	0	×	×	×	×	×	×	×	保持			

答:由功能表可知 T454 的功能为

直接清零:当清零控制端 C_r = 0 时,立即清零,与其他控制端无关;

保持:当 CP 没来或控制端 $S_0 S_1$ 全为低电平时,寄存器处于保持状态;

送数:当控制端 $S_0 S_1$ 全为高电平时,寄存器处于送数状态;

移位:当控制端 $S_0 S_1$ = 10 时,寄存器向右移位;$S_0 S_1$ = 01 时,寄存器向左移位。S_L 是左移串行数据的输入端,S_R 是右移串行数据的输入端。

移位型寄存器的设计步骤可分为:(1)根据题意写出状态转换关系;(2)根据状态转换关系写出逻辑函数;(3)根据前两步的结果画出逻辑电路图。

本题的具体步骤为:

(1)根据题意,T454 为 4 位移位寄存器,本题的要求为 6 移位型寄存器,故可任选 6 种状态,首先画出它们的转换关系图,如图 5.2.31 所示。

(2)由功能表和状态转换图可知

$$S_0 S_1 = 10; \quad S_R = \overline{Q^2}$$

(3)由此可得逻辑电路图如图 5.2.32 所示。

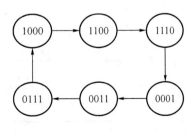

图 5.2.31

【例 5.2.2★】 用 RS 触发器设计一个 4 位双向移位寄存器,要求具有保持和并行置数功能。

答:(1)根据题意,电路具有保持、单向右移、单向左移、并行置数等 4 项功能,为此须有

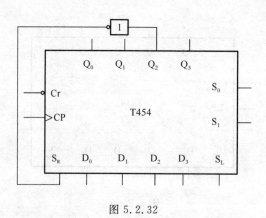

图 5.2.32

2 位代码共 4 种状态的控制功能切换。

（2）设控制端为 S_0、S_1，并设 $S_0S_1=00$ 时为保持状态，$S_0S_1=01$ 时为单向左移，$S_0S_1=10$ 时为单向右移，$S_0S_1=11$ 时为并行预制数。其功能表如表 5.2.13 所示。

表 5.2.13

CP	S_0	S_1	Q_i^n	功能
↑	0	0	Q_i^{n-1}	保持
↑	0	1	Q_{i+1}^n	左移
↑	1	0	Q_{i-1}^n	右移
↑	1	1	并行置数	P_i

（3）从状态表可得电路的状态方程为

$$Q_i^{n+1}=\overline{S_0}\ \overline{S_1}Q^n+\overline{S_0}S_1Q_{i+1}^n+S_0\ \overline{S_1}Q_{i-1}^n+S_0S_1P_i$$

其中第一项是保持功能，第二项是单向左移，第三项是单向右移，第四项是并行置数（P_i 是并行输入数据）。

（4）此逻辑功能电路图如图 5.2.33 所示。

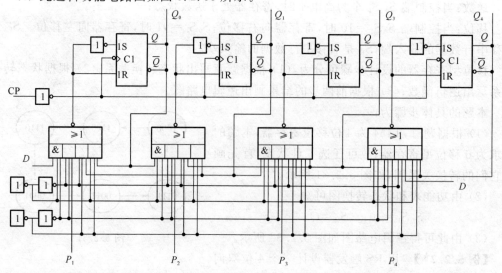

图 5.2.33

【例5.2.3】 在图5.2.34所示电路中,若两个移位寄存器中的原始数据分别为 $A_3A_2A_1A_0=1001$,$B_3B_2B_1B_0=0011$,试问经过4个CP信号作用以后两个寄存器中的数据如何?这个电路完成什么功能?

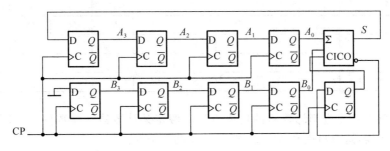

图5.2.34

答:根据题意,可知此电路为同步上升沿出发,其状态转换关系为

$$A_3^{n+1}=S, \quad A_2^{n+1}=A_3^n, \quad A_1^{n+1}=A_2^n, \quad A_0^{n+1}=A_1^n$$
$$B_3^{n+1}=0, \quad B_2^{n+1}=B_3^n, \quad B_1^{n+1}=B_2^n, \quad B_0^{n+1}=B_1^n=0$$

其状态转换表(4个CP内)如表5.2.14所示。

表5.2.14

CP	$A_3A_2A_1A_0$	$B_3B_2B_1B_0$
↑	1 0 0 1	0 0 1 1
↑	1 0 1 0	0 0 0 0
↑	1 0 1 1	0 0 0 0
↑	1 1 0 0	0 0 0 0

所以可知,在经过4个时钟脉冲信号作用以后,两个寄存器里的数据分别为 $A_3A_2A_1A_0=1100$,$B_3B_2B_1B_0=0000$。可知,这是一个4为串行加法器电路。

【例5.2.4★】 试用74LS161及必要的门电路实现十四进制计数器。要求用置数法实现,设 S_0 状态为0000。(74161的逻辑符号和功能表分别如图5.2.35和表5.2.15所示。

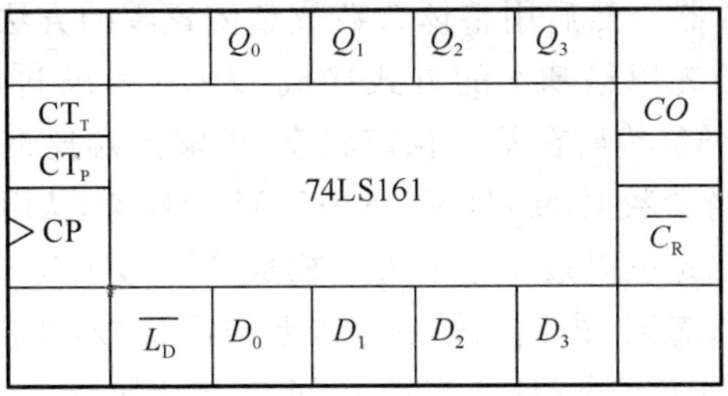

		Q_0	Q_1	Q_2	Q_3	
CT_T						CO
CT_P			74LS161			
$\triangleright$ CP						$\overline{C_R}$
	$\overline{L_D}$	D_0	D_1	D_2	D_3	

图5.2.35

表 5. 2. 15

输入									输出			
CP	$\overline{C_R}$	$\overline{L_D}$	CT_P	CT_T	D_0	D_1	D_2	D_3	Q_0	Q_1	Q_2	Q_3
$\times$	0	$\times$	$\times$	$\times$	$\times$	$\times$	$\times$	$\times$	0	0	0	0
$\uparrow$	1	0	$\times$	$\times$	D_0	D_1	D_2	D_3	D_0	D_1	D_2	D_3
$\times$	1	1	0	$\times$	$\times$	$\times$	$\times$	$\times$	保持			
$\times$	1	1	$\times$	0	$\times$	$\times$	$\times$	$\times$	保持			
$\uparrow$	1	1	1	1	$\times$	$\times$	$\times$	$\times$	计数			

答：本题涉及任意进制计数器的构成方法。假定某计数器的模数位 N，要用它实现模数为 M 的计数器，这时可能有 $M<N$ 和 $M>N$ 两种情况。

（1）$M<N$

由于是将计数器的大模数改为小模数，则在 N 进制计数器计数的过程众，只要设法使之跳过 $N-M$ 个状态，就可以得到 M 进制计数器。能实现的方法有置零法和置数法。

置零法适用于有异步置零输入端的计数器，其工作原理如下：

设 N 进制集成计数器的全 0 状态为 S_0，电路从 S_0 开始计数，当电路接收了 M 个 CP 脉冲后编进入 S_M 状态。如果设法使 S_M 状态产生一个置零信号并反馈到计数器的异步置零输入端，则计数器将立刻返回到 S_0 状态，从而跳过 $N-M$ 个状态，实现了 M 进制计数器。由于 S_M 状态一出现电路立刻被置成 S_0（0 态）状态，因而 S_M 状态不是计数过程中的独立状态，称之为过渡态。

置数法适用于有预置功能的计数器。它是通过置数端 $\overline{L_D}$ 控制计数器置入某个数值的方法，使电路跳过 $(N-M)$ 个状态，从而获得 M 进制计数器。对于同步预置计数器，使 $\overline{L_D}=0$ 的状态 S_i 是计数过程中的独立状态，因为要在下一个 CP 信号到来时，预置数值才被置入计数器中。而在异步预置计数器中，只要使 $\overline{L_D}=0$ 的状态 S_{i+1} 一出现，立即就会将预置数置入计数器中，而不受 CP 信号控制，因而使 $\overline{L_D}=0$ 的状态 S_{i+1} 不是计数过程中的独立状态，而是过渡态。

（2）$M>N$

当 $M>N$ 时，必须用多片 N 进制计数器级联起来构成 M 进制计数器。各片之间的连接方式可以分为整体置数方式、整体置零方式、串行进位方式和并行进位方式。

① 整体置数和整体置零方式：当 M 为大于 N 且不能进行分解的素数时，应用多片计数器构成模数大于 M 的计数器。然后用整体置数或整体置零的方法来实现 M 进制计数器。

在整体置数方式中，首先以最基本的方式接成 $N \cdot N \cdots N$ 进制计数器，N 为计数器本身的模数，且 $N \cdot N \cdots N > M$，然后在某一预定状态，由输出端反馈置数信号，使 $\overline{L_D}=0$，将各片 N 进制计数器同时预置待置数据，跳过 $(N \cdot N \cdots N-M)$ 个状态，从而实现了 M 进制计数器。

在整体置零方式中，首先也以最基本的方式构成 $N \cdot N \cdots N$ 进制计数器（$N \cdot N \cdots N > M$），然后在计数器为 S_M 状态时，由输出端反馈异步置零信号，使 $\overline{R_D}=0$，将各片计数器同时置零。跳过 $(N \cdot N \cdots N-M)$ 个状态，从而实现了 M 进制计数器。

要实现整体置数和整体置零，还要根据给定的 S_0 状态，计算出相应的 S_{M-1} 状态。其中 S_0 状态是指计数中最小的二进制数所对应的状态，S_{M-1} 状态是指计数循环状态中最大的二进制数对应的状态。$S_{M-1}=S_0+(M-1)_B$（适用于二进制计数器）；$S_{M-1}=S_0+(M-1)_D$（适用于十进制计数器）。

② 串行与并行进位方式：当 M 可以分解为几个小于 N 的因数乘积时，即 $N_1 \cdot N_2 \cdots N_i = M$，可将几片 N 进制计数器分别接成 N_1，N_2，$\cdots$，N_i 进制计数器，级联起来即构成 M 进制计数器。

在串行进位方式中，以最低位片的进位输出信号作为高位片的时钟输入信号。在并行进位方式中，几片计数器的 CP 输入端并联接输入信号，低位片的输出信号作为高位派那的计数使能信号。

本题的解法为：由表 5.2.15 可知，7LS4161 有以下功能：

异步清零：当 $\overline{C_R}=0$ 时，计数器清零，与 CP 无关。

同步清零：当 $\overline{C_R}=1$，$\overline{L_D}=0$ 时，在 CP 上升沿到达时，$Q_0 Q_1 Q_2 Q_3 = D_0 D_1 D_2 D_3$。

当 $\overline{C_R}=\overline{L_D}=1$，$CT_P=0$ 或 $CT_T=0$ 时，计数器处于保持状态。

由于 74LS161 有置数端 $\overline{L_D}$，因而适合采用置数法，当计数器计数到某一预定值(小于计数器的最大模数)时，利用计数器的置数端 $\overline{L_D}$ 给计数器预置某一初始值的二进制代码，然后将此二进制代码作为计数循环的初态重新开始计数。根据状态 S_{M-1} 可以写出置数反馈表达式，当置数端高电平有效时，反馈信号可经与门反馈到 L_D 端，当置数端低电平有效时，反馈信号可经与非门反馈到 $\overline{L_D}$ 端。

本题解法如下：

(1) 根据题意画出逻辑电路 14 个循环状态如图 5.2.36 所示。

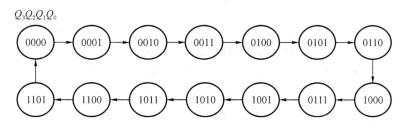

$Q_3 Q_2 Q_1 Q_0$

图 5.2.36

(2) 由于 74LS161 的 $\overline{L_D}$ 端低电平有效，所以采用与非门反馈，又由状态图可知状态 S_{M-1} 为 $Q_3 Q_2 Q_1 Q_0 = 1101$。故置数表达式为

$$\overline{L_D} = \overline{Q_3 Q_2 Q_0}$$

(3) 画出逻辑图如图 5.3.37 所示。

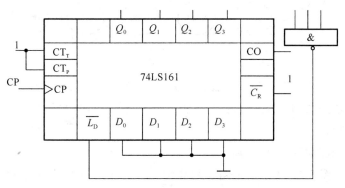

图 5.3.37

由图可见,当计数器输出状态为 $Q_3Q_2Q_1Q_0=1101$ 时,经过与非门反馈使 $\overline{L_D}=0$,在下一个 CP 脉冲到来时,计数器置零,完成一次循环。

【例 5.2.5】 试用 4 位二进制异步计数器 74LS293 实现十进制计数器,74ls293 的逻辑框图和功能表分别如图 5.2.38 和表 5.2.16 所示。

	Q_0	Q_1	Q_2	Q_3
> CP$_0$		74LS293		
> CP$_1$				
	R_{OA}		R_{OB}	

图 5.2.38

表 5.2.16

输入			输出				功能
CP	R_{OA}	R_{OA}	Q_0	Q_1	Q_2	Q_3	
×	1	1	0	0	0	0	清零
↓	0	×	计数				计数
↓	×	0					计数

答: 本题要求实现十进制计数器,由于 74LS293 是 4 位异步二进制计数器,其最大模数 $N=16$,因而要实现 $M=10$ 进制计数器,必须对 74LS293 的计数状态进行修正,即将大模数变为小模数。又因为 74LS293 具有异步清零端 R_{OA},适用于反馈置零法适。

本题解法为

(1) 根据题意画出逻辑电路 10 个循环状态如图 5.2.39 所示。$S_M=1010$ 为过渡态,改状态不是计数过程中的独立状态,但要由 S_M 状态产生反馈信号。

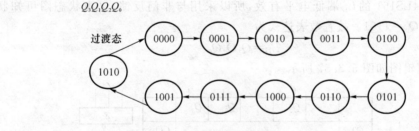

图 5.2.39

(2) 设反馈表达式的形式为:$L=\Pi Q$,L 为过渡态 S_M 中值为 1 的各 Q 的乘积。如果 R 端高电平有效,则经与门反馈;如果 R 端低电平有效,则经与非门反馈。由过渡态 $S_M=1010$ 可知,$L=Q_2Q_0$。

(3) 画出逻辑图如图 5.2.40 所示。

【例 5.2.6】 图 5.2.41 所示电路是用异步二一五一十进制计数器 74LS290 组成的计数器。试确定计数器模数 $M=$? 并说明基本 RS 触发器的作用。74LS290 功能表如表 5.2.17 所示。

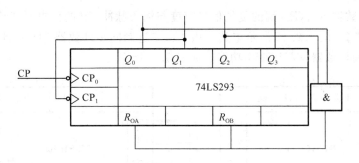

图 5.2.40

答:在分析用多片集成计数器组成的任意进制计数器时,首先要分清所用触发器的逻辑功能,其次要认清进位及置零、置数方式,根据反馈表达式即可得出分析结果。

图 5.2.41 所示电路是由两片 74LS290 采用 8421 码连接方式级联而成。并将个位片 74LS290(1)的 Q_0,Q_3 和十位片 74LS290(2)的 Q_0,Q_3 通过与非门控制计数器的清零端。同时个位片 74LS290(1)的 Q_3 作为十位片 74LS290(2)的 CP_0。从级间联接的关系上看,属于串行进位。但从对清零端的控制上看属整体置零方式。电路的最末一个状态是过渡态,且有 $N_1=9$,$N_2=10\times9$,所以该计数器的计数模数 $M=99$。

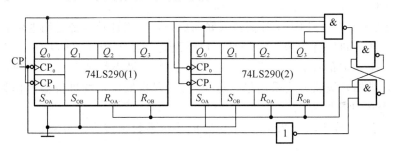

图 5.2.41

表 5.2.17

输入					输出			
R_{OA}	R_{OB}	S_{OA}	S_{OB}	CP	Q_3	Q_2	Q_1	Q_0
1	1	0	$\times$	$\times$	0	0	0	0
1	1	$\times$	0	$\times$	0	0	0	0
$\times$	$\times$	1	1	$\times$	1	0	0	1
$\times$	0	$\times$	0	$\downarrow$	计数			
0	$\times$	0	$\times$	$\downarrow$				
0	$\times$	$\times$	0	$\downarrow$				
$\times$	0	0	$\times$	$\downarrow$				

采用 RS 触发器的原因是:一般情况下各触发器复位翻转速度是不一致的,复位快的触发器复位信号撤销的快,使复位慢的触发器来不及清零,从而造成误动作而出错。为了克服这个缺点,引入了基本 RS 触发器,将反馈复位信号锁存住,使复位慢的触发器可靠地清零,直到下一个计数脉冲高电平的到来,才将复位信号撤销,并在输入脉冲 CP 的下降沿时刻开

始计数,知道计数器 R_{OA},R_{OB} 端的复位信号宽度与输入脉冲 CP 的低电平持续时间相等。

【例 5.2.7★】 图 5.2.42 所示电路是由 4 位二进制同步计数器 74LS161 组成。试分析该电路是几进制计数器。74LS161 功能表如表 5.2.15 所示。

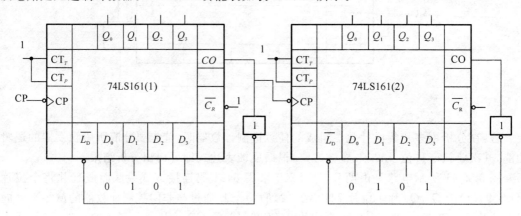

图 5.2.42

答:本题的主要特点是每一级计数器都采用进位输出端反馈置数组成任意进制计数器,然后再串行级联。

本题电路是由两片 74LS161 计数器级联而成。每一级计数器都是用进位输出 CO 经反相器置最小数的 N 进制计数器。74LS161(1) 所置最小数是 $10(D_3D_2D_1D_0=1010)$,所以是模 $N=6(N=M-10)$ 的计数器。而 74LS161(2) 的所置最小数是 9(1001),所以是模 $N=7$ ($N=M-9$) 计数器。级联方法采用串行进位方式,即将低位片的进位输出作为高位的 CP 输入,整个电路的计数模数 $M=N_1×N_2=6×7=42$。

【例 5.2.8】 试分析图 5.2.43 所示电路的分频系数是多少。分频信号的输出端已用箭头标出。

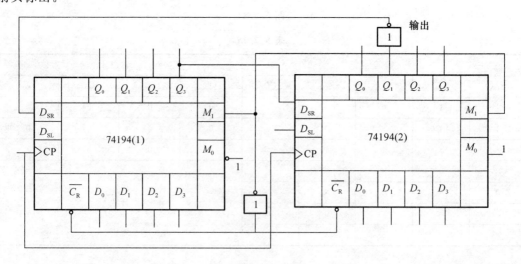

图 5.2.43

答:从图示电路机构看,本题是一个扭环形计数器。电路在工作之前先由 $\overline{C_R}$ 端加负脉冲,使 74LS194 置零,然后再右移扭环形计数器。由扭环形计数器的工作特性可知,由 n 位移位寄存器构成的扭环形计数器,共有 $2n$ 个有效状态,本题又是一种分频器,由图可知,D_{SR}

信号是从第6位输出端经反相引入,故其分频系数$M=2\times6=12$。该电路具有自启能力。

【**例5.2.9**】 试用同步计数器74LS161设计一个可控进制的计数器,当输入控制变量$M=0$时工作在五进制,$M=1$时工作在十五进制,通过置数可构成十六进制以内的任何进制。

答:用74LS161及置数方式构成N进制计数器,只需要跳过$(16-N)$个状态即可。

由题意可知,计数器最大可工作在十五进制<16,故选用一片74LS161和少量门电路即可实现此电路的逻辑功能。令五进制计数器的计数循环包括15、11、12、13、14这5个状态,令十五进制计数器的计数循环包括15、1、2、3、4、5、6、7、8、9、10、11、12、13、14这15个状态,也就是说,当$M=0$时,令$D_3D_2D_1D_0=1011$;当$M=1$时,令$D_3D_2D_1D_0=0001$,由此两个状态可知,$D_3=\overline{M}$,$D_2=0$,$D_1=\overline{M}$,$D_1=1$。其电路图如图5.2.44所示。

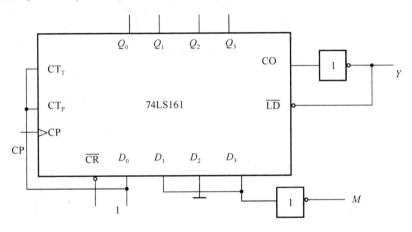

图5.2.44

【**例5.2.10★**】 试用74LS290异步二-五-十进制计数器及必要的门电路实现模为7的计数分频电路。

答:本题可用置零法来实现。

由题意可知,本题的模$M=7$,即$Q_3Q_2Q_1Q_0=0111$,列出状态转换图如图5.2.45所示。

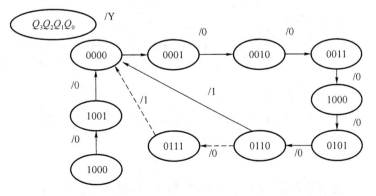

图5.2.45

其逻辑电路图如图 5.2.46 所示。

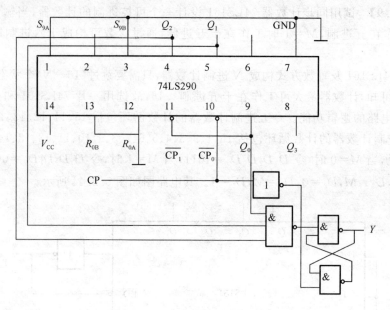

图 5.2.46

题型 3　时序逻辑电路的设计方法

【例 5.3.1★】　试用下降沿触发的 JK 触发器设计一个同步 8421 编码的十进制计数器。

答:(1)首先做出状态转换图如图 5.2.47 所示。根据题意,需要用 10 个状态来表示十进制计数器。设这 10 个状态为 $S_0 \sim S_9$,10 个状态循环后回到初始状态。

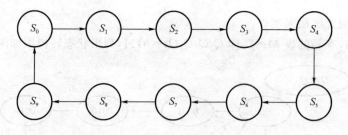

图 5.2.47

(2)由于每个触发器均有两个状态 0,1,n 个触发器能表示 2^n 个状态。如果用 N 表示该时序电路的状态数,则有

$$2^{n-1} \leqslant N \leqslant 2^n$$

本题要求为十进制计数器,因此 $N=10$,推得 $n=4$,需要 4 个触发器。

(3)由于本题已要求为 8421 编码的十进制,因此据此列出真值表如表 5.2.18 所示。

表 5.2.18

CP	Q_3^n	Q_2^n	Q_1^n	Q_0^n	Q_3^{n+1}	Q_2^{n+1}	Q_1^{n+1}	Q_0^{n+1}
1	0	0	0	0	0	0	0	1
2	0	0	0	1	0	0	1	0
3	0	0	1	0	0	0	1	1
4	0	0	1	1	0	1	0	0
5	0	1	0	0	0	1	0	1
6	0	1	0	1	0	1	1	0
7	0	1	1	0	0	1	1	1
8	0	1	1	1	1	0	0	0
9	1	0	0	0	1	0	0	1
10	1	0	0	1	0	0	0	0

（4）由真值表画出次态卡诺图如图 5.2.48 所示。

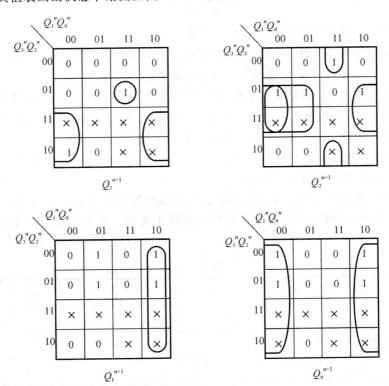

图 5.2.48

由卡诺图列出状态方程和驱动方程为

状态方程

$$Q_0^{n+1} = \overline{Q_0^n}$$

$$Q_1^{n+1} = \overline{Q_3^n}\ \overline{Q_1^n}Q_0^n + Q_1^n\ \overline{Q_0^n}$$

$$Q_2^{n+1} = \overline{Q_2^n}Q_1^nQ_0^n + Q_2^n\ \overline{Q_1^n Q_0^n}$$

$$Q_3^{n+1} = \overline{Q_3^n}Q_2^nQ_1^nQ_0^n + Q_3^n\ \overline{Q_0^n}$$

驱动方程为

$$J_0 = K_0 = 1 \qquad J_1 = \overline{Q_3}Q_0,\ K_1 = Q_0$$

$$J_2 = K_2 = Q_1Q_0 \qquad J_3 = Q_2Q_1Q_0,\ K_3 = Q_0$$

(5) 采用下降沿触发的 JK 触发器,画出逻辑图如图 5.2.49 所示。

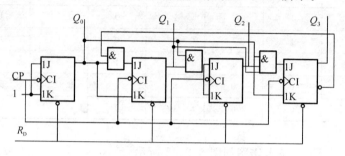

图 5.2.49

(6) 检查电路是否具有自启动、自校正能力。

自启动能力是指当电源合上时,电路能否进入主循环状态之中的任一状态,如能进入即该电路具有自启动能力,否则该电路便不具有自启动能力。

自校正能力是指当计数器正常工作时,由于干扰等原因,使状态离开正常计数序列,进入无效状态之中,如本题中的 1010~1111 这 6 个状态。电路经过若干 CP 脉冲过后能自动返回正常计数序列,则称该电路具有自校正能力,如果到了 1010~1111 状态后,它们自身成为一个无效计数序列,不能返回正常计数序列,则称该电路不具有自校正能力。具有自校正能力的计数器同时也具有自启动能力。

检查本题电路是否具有自校正能力的方法是,逐个将 1010~1111 这 6 个状态代入次态方程,求得次态,即可判断该电路是否具有自我校正能力。次态状态转换表如表 5.2.19 所示。

表 5.2.19

Q_3^n	Q_2^n	Q_1^n	Q_0^n	Q_3^{n+1}	Q_2^{n+1}	Q_1^{n+1}	Q_0^{n+1}
1	0	1	0	1	0	1	1
1	0	1	1	0	1	0	0
1	1	0	0	1	1	0	1
1	1	0	0		0	0	0
1	1	1	1	1	1	1	1
1	1	1	1	0	0	0	0

此电路完整的状态转换图如图 5.2.50 所示。

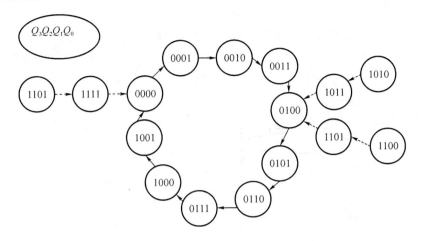

图 5.2.50

由图可见,本电路具有自校正能力。

【例 5.3.2★】 设计一个控制步进电动机三相六状态工作的逻辑电路。如果用 1 表示电机绕组导通,0 表示电动机绕组截止,则 3 个绕组 ABC 的状态转换图如图 5.2.51 所示。其中 M 为输入控制变量,当 $M=1$ 时为电动机正转,$M=0$ 时为电动机反转。

答:(1)首先根据已知的状态转换图,画出对应卡诺图。考虑倒电路的自启动,应让电路无效状态的次态也能进入有效状态的循环圈中,所以在卡诺图中补充了电路的无效状态及其次态。假定 111 状态的次态为 000,000 的次态为 110,则电路就能实现自启动。补充后的状态转换图如图 5.2.52 所示。

可知 A^{n+1} 状态图如图 5.2.53 所示。

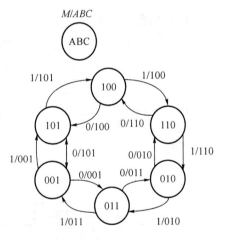

图 5.2.51

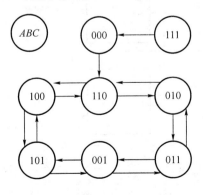

图 5.2.52

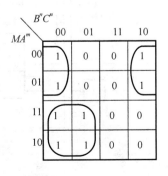

图 5.2.53

化简后可得

$$A^{n+1}=\overline{M}\,\overline{C^n}+M\overline{B^n}$$

同理，B^{n+1}，C^{n+1}状态图如图 5.2.54 和图 5.2.55 所示，将其进行化简，可得

$$B^{n+1}=\overline{M}\,\overline{A^n}+M\overline{C^n}$$

$$C^{n+1}=\overline{A^n}\,\overline{B^n}C^n+\overline{M}A^n\,\overline{B^n}+M\overline{A^n}B^n$$

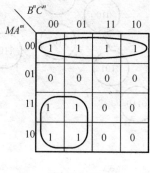

图 5.2.54

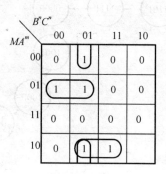

图 5.2.55

（2）可得出驱动方程为

$$D_2=\overline{M}\,\overline{C^n}+M\overline{B^n}$$

$$D_1=\overline{M}\,\overline{A^n}+M\overline{C^n}$$

$$D_0=\overline{A^n}\,\overline{B^n}C^n+\overline{M}A^n\,\overline{B^n}+M\overline{A^n}B^n$$

（3）画出逻辑电路图如图 5.2.56 所示。

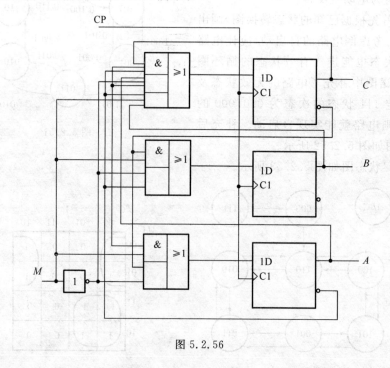

图 5.2.56

【例5.3.3★】 试分析图5.2.57所示电路的循环长度 M 和输出序列 Z。

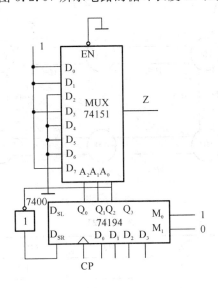

图 5.2.57

答:图5.2.57所示电路是由移位寄存器74194、反馈网络7400和8选1数据选择器74151组成的序列产生器。由图可见,移位寄存器的状态反馈函数 $f(Q) = D_{SR} = \overline{Q_2}$, $A_2 A_1 A_0 = Q_0 Q_1 Q_2$,由此可列出状态真值表如表5.2.20所示。由表可知,其输出序列 $Z = 100111$,循环长度 $M=6$。

表 5.2.20

CP	D_{SR}	Q_0	Q_1	Q_2	Z
0	1	0	0	0	1
1	1	1	0	0	0
2	1	1	1	0	0
3	0	1	1	1	1
4	0	0	1	1	1
5	0	0	0	1	1

【例5.3.4】 用D触发器设计一个可控计数器。当 $M=0$ 时,其状态迁移为

$$100 \rightarrow 101 \rightarrow 001 \rightarrow 010 \rightarrow 110$$

当 $M=1$ 时,其状态迁移为

$$100 \rightarrow 110 \rightarrow 010 \rightarrow 001 \rightarrow 101$$

答:根据题意,画出状态转换图如图5.2.58所示。

由上图可见,电路有6个状态,所以需要3个触发器。把 M 作为输入逻辑变量,其状态转换真值表如表5.2.21所示。

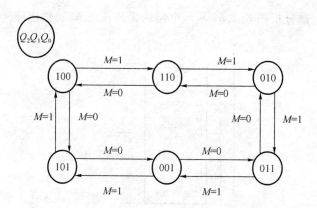

图 5.2.58

表 5.2.21

M	Q_2^n	Q_1^n	Q_0^n	Q_2^{n+1}	Q_1^{n+1}	Q_0^{n+1}
0	1	0	0	1	0	1
0	1	0	1	0	0	1
0	0	0	1	0	1	1
0	0	1	1	0	1	0
0	0	1	0	1	1	0
0	1	1	0	1	0	0
1	1	0	0	1	1	0
1	1	1	0	0	1	0
1	0	1	0	0	1	1
1	0	1	1	0	0	1
1	0	0	1	1	0	1
1	1	0	1	1	0	0

由真值表得到次态卡诺图如图 5.2.59 所示,并由此导出状态方程和驱动方程。

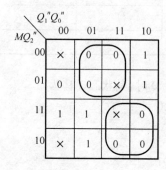

图 5.2.59

状态方程

$$Q_2^{n+1} = \overline{M\,Q_0^n} + MQ_1^n$$

$$Q_1^{n+1} = \overline{\overline{M}Q_2^n + MQ_0^n}$$

$$Q_0^{n+1} = \overline{\overline{M}Q_1^n + MQ_2^n}$$

驱动方程

$$D_2 = Q_2^{n+1}$$

$$D_1 = Q_1^{n+1}$$

$$D_0 = Q_0^{n+1}$$

画出逻辑电路图如图 5.2.60 所示。

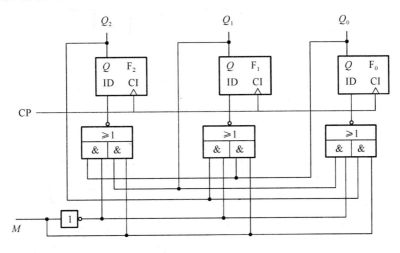

图 5.2.60

【例 5.3.5★】　用与非门和 JK 触发器设计一个同步时序逻辑电路，以检测输入的信号序列是否为连续的 110。

答：由题意分析如图 5.2.61(a) 和 (b) 所示。

本题可用如下步骤：

(1)确定输入变量和输出函数

由题意可知，该时序逻辑电路只有一个输入变量，记为 x，为二进制序列；只有一个输出函数，记为 Z，要求它能给出检测信号，以表明输入 x 是否为连续的 110 序列。

(2)建立原始状态表

设置电路状态目的是利用这些状态记住输入的历史，以便对其后的输入作出响应。常用直接构图法：先设一个初态，从初态开始，每加一个输入可确定一个次态。此过程一直继续下去，直到不再构成新的状态为止。最后统计有多少个状态。

三位二进制代码的组合最多有 8 种状态，因此对检测一个连续输入的 110 序列，仅 3 个时钟作用下的 f 状态即可记住。因此可得到原始状态表，如表 5.2.22 所示，它有 7 个状态。

(3)建立最简状态表及状态图

由原始状态表可以看出，b、d、f 状态可以合并，c、e 状态可以合并。用 $q_1 = \{b, d, f\}$ 表示 b、d 和 f 合并后的状态。用 $q_2 = \{c, e\}$ 表示 c、e 合并后的状态。

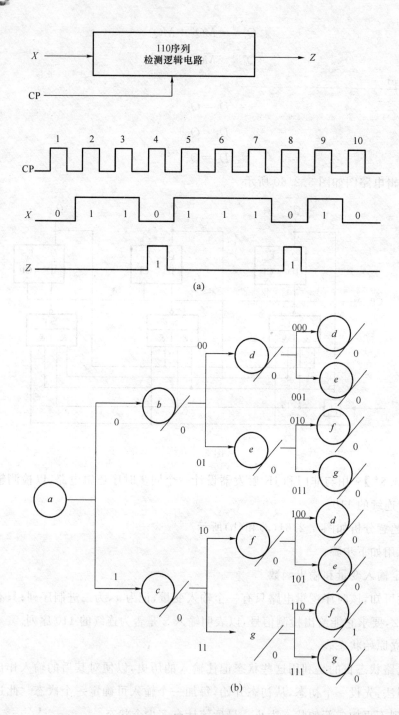

图 5.2.61

可得到一个中间状态表,如表 5.2.23 所示。

观察中间状态表,发现 a、q_1 状态还可以继续合并。现令 $S_1 = \{a, q_1\}$,$S_2 = q_2$,$S_3 = g$,从而得到最简状态表,它只有 3 个状态。

根据最简状态表,如表 5.2.24 所示,可画出状态图,如图 5.2.62 所示。

表 5.2.22

X / S	0	1
a	b,0	c,0
b	d,0	e,0
c	f,0	g,0
d	d,0	e,0
e	f,0	g,0
f	d,0	e,0
g	f,0	g,0

表 5.2.23

X / S	0	1
a	q_1,0	q_2,0
q_1	q_1,0	q_2,0
q_2	q_1,0	g,0
g	q_1,0	g,0

表 5.2.24

X / S	0	1
S_1	S_1,0	S_2,0
S_2	S_1,0	S_3,0
S_3	S_1,1	S_3,0

（4）状态编码

对状态 $S_1 \sim S_3$ 指定二进制代码：

采用一对一法：3 个状态使用 3 个触发器，设计简单，多用触发器。

采用计数器法：3 个状态使用两个触发器，少用触发器，设计稍复杂。

现采用计数器法，用两个触发器 y_1 和 y_2 实现。令

$$S_1 = y_2\,y_1(00) \qquad S_2 = y_2\,y_1(10) \qquad S_3 = y_2\,y_1(11)$$

从而画出电路框图如图 5.2.63 所示。

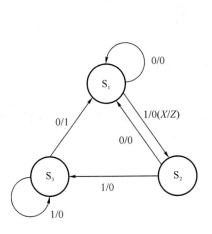

图 5.2.62

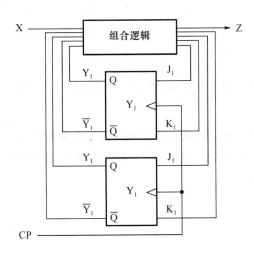

图 5.2.63

（5）建立状态转移表

将状态编码值代入最简状态表，可得状态转移表，如表 5.2.25 所示。它用二进制代码来表示现态/输入与次态/输出的关系。

（6）确定输出函数与激励函数

根据状态转移表，容易找出输入 X，现态 $y_1^n y_2^n$ 与次态 $y_1^{n+1} y_2^{n+1}$，输入 (J,K) 的真值关系。注意，J 和 K 值应由 y_1^{n+1} 和 y_2^{n+1} 的值与 JK 特征方程推导出来，从而列出激励函数与输出函数的真值表，如表 5.2.26 所示。

表 5. 2. 25

X $y_1 y_2$	0	1
00	00/0	10/0
10	00/0	11/0
11	00/0	11/1

表 5. 2. 26

C(条件)	PS(现态)		NS(次态)		输出
X	y_1 y_2	y_1^{n+1} y_2^{n+1}	J_2 K_2 J_1 K_2		Z
0	0 0	0 0	0 $\times$ 0 $\times$		0
0	1 0	0 0	$\times$ 1 0 $\times$		0
0	1 1	0 0	$\times$ 1 $\times$ 1		1
1	0 0	1 0	1 $\times$ 0 $\times$		0
1	1 0	1 1	$\times$ 0 1 $\times$		0
1	1 1	1 1	$\times$ 0 $\times$ 0		0

任意项用 X 表示,并用 X、y_1 和 y_2 的代码组合来表示最小项,由真值表并用卡诺图简化,可得激励和输出表达式:

$$J_2 = \sum(4) = x, \quad K_2 = \sum(2,3) = x$$

$$J_1 = \sum(6) = xy_2, \quad K_1 = \sum(3) = x$$

$$Z = \sum(3) = xy_1$$

掌握了设计规律,特给出次态激励输入有效值的一般公式如下

$$NS = \sum PS \times C$$

式中,NS 表示次态中某触发器激励函数逻辑值为 1 的所有项,PS 表示相对应的现态中各触发器的特定组合项,C 表示现态条件下的外部输入。

第6章

脉冲波形的产生和整形

【基本知识点】单稳态触发器、多谐振荡器、施密特触发器的定义。由定时器555构成单稳态触发器、多谐振荡器、施密特触发器及应用。

【重点】555定时器构成三种电路及应用。

【难点】RC电路与定时器结合的工作原理。

6.1 答疑解惑

6.1.1 施密特触发器的基本特点有哪些?

施密特触发器是一种脉冲波形整形电路,可用于波形变换、脉冲整形和脉冲鉴幅等方面。其性能特点主要有:

(1) 有两个稳态,所以广义上说也是一种双稳态触发器。

(2) 属电位触发型,即依靠输入信号的电压幅度来触发和维持电路状态。V_i 超过某值时,电路处于一种稳态;V_i 低于某值时,电路处于另一种稳态。

(3) 两个稳态的相互转换电位不等,即电路从原稳态转变为另一种稳态的 V_i 转换电平(V_T^+)不等于从另一种稳态返回到原来稳态的 V_i 转换电平(V_T^-)。通常称之为施密特触发器的滞回特性或回差特性。

6.1.2 如何表示施密特触发器的电路结构和逻辑符号?

用门电路组成的施密特触发器的电路结构和逻辑符号分别如图 6.1.1(a)和图 6.1.1(b)所示。

因此施密特触发器电路的输出状态取决于输入信号。电路输出脉冲的宽度是由输入信号决定的。施密特触发器不仅可将非矩形波变换成矩形波,而且还可将脉冲波形展宽、延时和进行脉冲幅度的鉴别等。

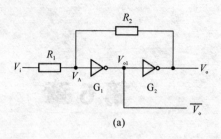

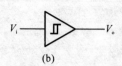

图 6.1.1

6.1.3 单稳态触发器的基本特点有哪些?

单稳态触发器也是一种整形电路,其基本特点有:

(1) 有一个稳态和一个暂稳态。

(2) 在外界触发信号作用下,能从稳态→暂稳态,维持一段时间后自动返回稳态。

(3) 暂稳态维持的时间长短取决于电路内部参数。

6.1.4 单稳态触发器有哪些类型?

1. 积分型单稳态触发器

积分型单稳态触发器电路结构如图 6.1.2 所示,其工作原理如下所述。

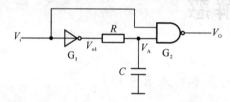

图 6.1.2

(1) 稳态

没有触发信号时,V_i 为低电平,因此门 G_2 的输出 V_o 为高电平,门 G_1 的输出 V_{o1} 也为高电平,V_{o1} 经电阻 R 的输出 V_A 也为高电平,电容 C 开始充电。这是电路的"稳态",在触发信号到来之前,电路一直处于此状态:$V_o=1$。

(2) 外加触发信号,电路由稳态翻转为暂稳态

当 V_i 正跳变时,G_1 的输出 V_{o1} 由高变低,电容 C 开始放电,G_2 的输出 V_o 为低电平,电路进入暂稳态。

(3) 由暂稳态自动返回稳态

电容 C 放电至 G_2 的输入 $V_A = V_{TH}$ 后,门 G_2 的输出 $V_o=1$,电路返回稳态。

2. 微分型单稳态触发器

微分型单稳态触发器电路结构如图 6.1.3 所示,其工作原理如下所述。

(1) 稳态

没有触发信号时,V_i 为低电平,V_d 经电阻 R_d 接到地,因此 V_d 为低电平,V_{i2} 经电阻 R 接至 V_{dd},$V_{i2}=V_{dd}=V_{oh}$,因此 G_2 输出 $V_o=0$,$V_{o1}=V_{dd}$,电容 C 上无电压。电路在触发信号到

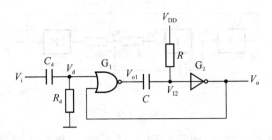

图 6.1.3

来之前,一直处于此状态。

(2) 外加触发信号,电路由稳态翻转为暂稳态

当 V_i 正跳变时,电路存在以下正反馈,

$$v_d \uparrow \rightarrow v_{o1} \downarrow \rightarrow v_{i2} \downarrow \rightarrow v_o \uparrow$$

电路进入暂稳态,$v_o = 1$,$v_{o1} = 0$,电容 C 开始充电。

(3) 由暂稳态自动返回稳态

当电容 C 充电至 $v_{i2} = v_{TH}$ 时,电路存在以下正反馈。

$$v_{i2} \uparrow \rightarrow v_o \uparrow \rightarrow v_{o2} \uparrow$$

电路返回稳态,$v_o = 0$,$v_{o1} = v_{dd}$,C 放电至没有电压,恢复稳态。

因为单稳态触发器可将输入触发脉冲变换为一定宽度的输出脉冲,输出脉冲的宽度(暂稳态持续时间)仅取决于电路本身的参数,而与输入触发信号无关,输入信号仅起触发作用。由于单稳有这样几个特点,所以被广泛应用于定时、延时和脉冲波形的变换等。

单稳态触发器的分类:若根据 RC 电路的不同接法,单稳态触发器可分为微分型和积分型两种;而若根据电路及工作状态的不同,单稳态触发器又可分为非可重复触发型(如 CT54/74121/221、CC74HCl21 等)和可重复触发器型(如 CT54/74123/122、CC14528/14538 等)两种。

6.1.5 什么是多谐振荡器?

多谐振荡器又称无稳电路,是一种非正弦振荡电路,它不需要外加输入信号,只要接通电源靠自激产生矩形脉冲信号,其输出脉冲信号频率由电路参数决定。主要用于产生各种方波或时钟信号。

6.1.6 自激多谐振荡器有哪些?

1. RC 环形振荡器

图 6.1.4 为一个带 RC 的环形振荡电路,其中门电路为 TTL 与非门,因此 $R+R_1$ 必须小于关门电阻 R_{off},电路才能起振,否则,若 $R+R_1$ 过大,G_3 只能输出低电平,无法翻转。该电路的特点是振荡器的振荡频率可以放电地进行调节。

其工作原理为

(1) 暂稳态1:当 $u_{i1}(=u_o)$ 由 0 跳变到 1 时,u_{o1} 由 1 跳变到 0,u_{o2} 由 0 跳变到 1。由于 u_C

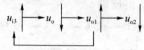

图 6.1.4

不能突变,因此 u_{o1} 跳变到 0 时,u_{i3} 也跳变到 0,从而使 u_o 保持 1 电平,这是电路暂稳态 1:$u_{o1}=0,u_{o2}=1,u_o=1$。

（2）暂稳态 1 转入暂稳态 2:进入暂稳态 1 后,电容 C 开始通过 $u_{o2} \rightarrow R \rightarrow C \rightarrow u_{o1}$ 回来及 G_3 输入端 $\rightarrow R_1 \rightarrow C \rightarrow u_{o1}$ 回路充放电,使 u_{i3} 上升,当 $u_{i3}=U_{TH}$ 时,会产生正反馈过程:

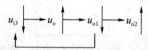

最后电路转入暂稳态 2:$u_{o1}=1,u_{o2}=0,u_o=0$。

（3）暂稳态 2 再转入暂稳态 1:进入暂稳态 2 后,电容反方向放电,放电回路为 $u_{o1} \rightarrow C \rightarrow R \rightarrow u_{o2}$,$u_{i3}$ 会不断下降,当 $u_{i3}=U_{TH}$ 时,会产生正反馈过程:

$$u_{i3} \downarrow \rightarrow u_o \uparrow \rightarrow u_{o1} \downarrow \rightarrow u_{o2} \uparrow$$

电路又回到暂稳态 1:$u_{o1}=0,u_{o2}=1,u_o=1$。

如此周而复始,产生一系列矩形波。

其主要参数包括:振荡振幅 U_m:$U_m=U_{OH}-U_{OL}$;

振荡周期 T:$T \approx 2.2RC$;振荡频率 f:$f=\dfrac{1}{T}$。

2. 石英晶体多谐振荡器

为了提高振荡器的频率稳定性,可采用

如图 6.1.5 所示的由 TTL 与非门和石英晶体组成的多谐振荡器。

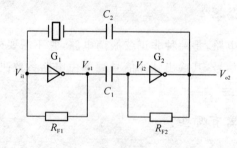

图 6.1.5

由石英晶体本身的阻抗频率特性可知,振荡电路的工作频率为晶体本身的谐振频率 f_0,与 R、C 参数无关。

6.1.7　什么是555定时器？

555定时器是一种应用极为广泛的集成电路。555定时器是双列直插式组件,尽管产品型号繁多,但所有双极型产品型号最后的三位数码都是555,所有的CMOS产品型号最后4位数码都是7555,而且它们的功能和外部引脚的排列完全相同。

6.1.8　555定时器是怎么组成的？

现以集成定时器CC7555为例进行叙述。CC7555的电路结构和引线端功能图6.1.6所示。

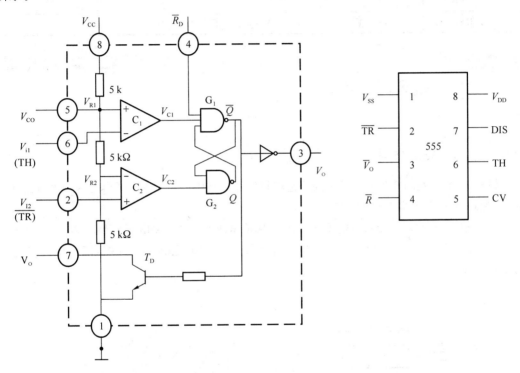

图 6.1.6

可以看出,电路由电压比较器、电阻分压器、基本RS触发器、MOS管开关和输出缓冲级几个基本单元组成。其中:

（1）比较器及偏置电路

图中,V_{R1}、V_{R2}分别为C_1、C_2的参考电压,由V_{CC}经3个5 kΩ电阻分压给出。V_{CO}悬空时,$V_{R1}=2/3V_{CC}$,$V_{R2}=2/3V_{CC}$。

V_{CO}外接某电源时,$V_{R1}=V_{CO}$,$V_{R2}=1/2V_{CO}$。R_D是置零输入端。只要在$\overline{R_D}$端加上低电平,输出端V_o便立即被置成低电平,而不受其他输入端状态的影响。因此在正常工作时,必须将$\overline{R_D}$接高电平。

（2）RS触发器

由或非门G_1和G_2,构成的RS触发器,其输出状态取决于比较器C_1和C_2输出是高电平还是低电平。

（3）放电开关管和输出驱动电路

放电开关管 T 当基极为高电平时导通,放电端的外接电容便放电;当基极为低电平时 T 管截止,通过分析,可得 555 定时器功能表如表 6.1.1 所示。

表 6.1.1

输 入			输 出	
V_{i1}(TH)	V_{i2}(TR)	R_D	V_o	T 管
×	×	0	0	导通
$<(2/3)V_{CC}$	$<(1/3)V_{CC}$	1	1	截止
$>(2/3)V_{CC}$	$>(1/3)V_{CC}$	1	0	导通
$<(2/3)V_{CC}$	$>(1/3)V_{CC}$	1	不变	不变

答疑解惑 脉冲波形的产生和整形

6.2 典型题解

题型 1 施密特触发器

【例 6.1.1】 在图 6.2.1(a)所示的施密特触发器电路中。已知 $R_1 = 10$ kΩ, $R_1 = 30$ kΩ。G_1 和 G_2 为 CMOD 反相器,$V_{DD} = 15$ V。

（1）试计算电路的正向阈值电压 V_{T+},负向阈值电压 V_{T-} 和回差电压 ΔV_T。

（2）若将图 6.2.1(b)所给的电压信号加到图 6.2.1(a)电路的输入端,试画出输出电压的波形。

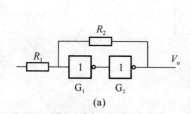 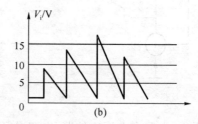

图 6.2.1

答：可知当 $V_I = 0$(低电平)时,$V_O = 0$;当 V_I 上升至 $V_i = V_T$ 时,进入了传输特性的放大区,使电路迅速跳变到 $V_O = V_{OH} = V_{DD}$,此时有 $V_i = V_T = \dfrac{R_2}{R_1 + R_2} V_i$,从而可得到

$$V_i = V_{T+} = \left(1 + \frac{R_1}{R_2}\right) V_T$$

可知当 $V_I = 1$(高电平)时,$V_O = 1$;当 V_I 下降至 $V_i = V_T$ 时,进入了传输特性的放大区,使电路迅速跳变到 $V_O = V_{OL} = 0$,此时有 $V_I = V_T = (V_{DD} - V_I)\dfrac{R_1}{R_1 + R_2} + V_I$,从而可得到

$$V_I = V_{T-} = \left(1 - \frac{R_1}{R_2}\right) V_T$$

故本题的答案为

(1) $V_{T+} = \left(1 + \dfrac{R_1}{R_2}\right)V_T = 10\ \text{V}\,;\ V_{T-} = \left(1 - \dfrac{R_1}{R_2}\right)V_T = 5\ \text{V}$

$$\Delta V_T = V_{T+} - V_{T-} = 5\ \text{V}$$

(2) 输出电压波形如图 6.2.2 所示。

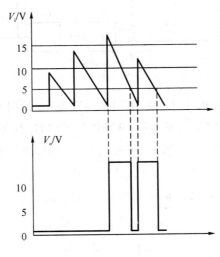

图 6.2.2

【**例 6.1.2**】 试定性地画出图 6.2.3 所示电路中电容的电压 u_C 和输出电压 u_O 的波形，并说明这是什么电路。已知施密特触发器是 CMOS 电路，且 $V_{OH} = V_{DD}$，$V_{OL} = 0$。

答：本题电路由集成施密特触发器和 R、C 冲放电回路组成。

当输出 u_O 为高电平时，u_O 通过电阻 R 向电容 C 充电，当 $u_C = V_{T+}$ 时，u_O 又跳变成高电平，于是电路又开始充电。电路按周期不停地振荡，输出为一系列矩形波，其振荡周期为

$$T = T_1 + T_2$$

其中

$$T_1 = RC\ln\dfrac{V_{DD} - V_{T-}}{V_{DD} - V_{T+}},$$

$$T_2 = RC\ln\dfrac{V_{T+}}{V_{T-}}$$

可见，改变 R、C 值可改变振荡周期，该电路为用施密特触发器构成地多谐振荡器，如图 6.2.4 所示。

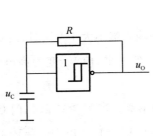

图 6.2.3

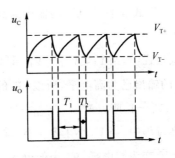

图 6.2.4

【**例 6.1.3**】 由 TTL 与非门组成的施密特触发器电路如图 6.2.5 所示。已知与非门输出的高、低电平分别为 V_{OH} 和 V_{OL}，阈值电压为 V_{TH}，二极管的导通电压 V_D，试导出电路的正、负触发电平 V_{T+}，V_{T-} 和回差电压 ΔV 的计算公式。

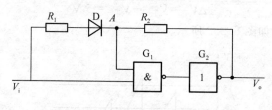

图 6.2.5

答：由电路可知，当 $V_i = 0$ 时，门 G_1 关闭输出高电平，而门 G_2 开启输出低电平，$V_o = V_{OL}$ 为电路的初始稳态，此时 V_A 为低电平，从而维持了门 G_1 的关闭状态。

随着 V_i 上升，V_A 也随之上升，当 V_A 升至门 G_1 的预置电压 V_{TH} 时，门 G_1 开启，输出低电平，致使门 G_2 关闭输出高电平，$V_o = V_{OH}$ 电路转至第二稳态。

由于状态的转移是在 $V_A = V_{TH}$ 的瞬间发生，此时的输入电平

$$V_i = I_{R_1} R_1 + V_D + V_A$$

且

$$I_{R_1} \approx I_{R_2} = \frac{V_{TH} - V_{OL}}{R_2}$$

由此可得出电路的正触发电平为

$$V_A = V_{OH}$$

电路转至第二稳态后，$V_A = V_{OH}$，此时 V_i 若下降，当降至门 G_1 的阈值电压 V_{TH} 时，门 G_1 关闭输出高电平，并使门 G_2 开启输出低电平 $V_o = V_{OL}$，电路返回初始稳态，因此电路的负触发电平为

$$V_{T-} = V_{TH}$$

因此，得出电路的回差电压为

$$\Delta V = V_{T+} - V_{T-} = \frac{R_1}{R_2}(V_{TH} - V_{OL}) + V_D$$

【**例 6.1.4**】 图 6.2.6 是由 TTL 门电路组成的具有电平偏移二极管的施密特触发器电路，试分析它的工作原理，并画出电压传输特性。

答：设门电路的阈值电压为 V_{TH}，二极管的导通压降为 V_D，G_3 的输入电压 V_i 为高电平，则 G_3 的输出为低电平，门 G_1 的输出为高电平，由于二极管截至，门 G_2 的输入均为高电平，即 $V_o = 1$，$\overline{V_o} = 0$。

在 V_i 降低过程中，当 $V_i \leqslant V_{TH} - V_D$，即 G_2 的一输入端不大于 V_{TH} 时，门 G_2 的输出变为高电平，门 G_3 的输出已为高电平，所以 G_1 的输出为低电平，使 V_o 变为高电平而 $\overline{V_o}$ 变为低电平，即 $V_o = 0$，$\overline{V_o} = 1$，所以 $V_{T-} = V_{TH} - V_D$。

在 V_i 升高过程中，当 V_i 小于 V_{TH} 时，输出保持不变。当 $V_i \geqslant V_{TH}$ 时，门 G_3 的一输入出变为低电平，而 $\overline{V_o}$ 变为高电平，V_o 为低电平，即 $V_o = 0$，$\overline{V_o} = 1$，所以 $V_{T+} = V_{TH}$。

电路的传输特性如图 6.2.7 所示。

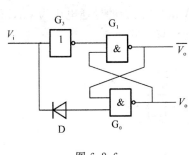

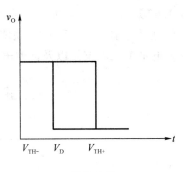

图 6.2.6   图 6.2.7

【例 6.1.5★】 在图 6.2.8 给出的电路中,已知 CMOS 集成施密特触发器的电源电压 $V_{DD}=15\ V,V_{T+}=9\ V,V_{T-}=4\ V$,试问:

(1) 为了得到占空比 $q=50\%$ 的输出脉冲,R_1 和 R_2 的比值应取多少?

(2) 若给定 $R_1=3\ k\Omega,R_2=8.2\ k\Omega,C=0.05\ \mu F$,电路的振荡频率是多少? 输出脉冲的占空比又是多少?

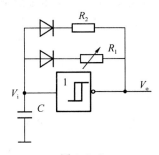

答:电压路工作时,电容 C 两端的电压 V_C 在 V_{T+} 和 V_{T-} 之间振荡。若用 T_1 表示 V_C 从 V_{T-} 上升到 V_{T+} 的时间,用 T_2 表示 V_C 从 V_{T+} 下降到 V_{T-} 的时间,则输出脉冲的占空比为

图 6.2.8

$$q=\frac{T_1}{T_1+T_2}$$

输出脉冲的频率为

$$f=\frac{1}{T_1+T_2}$$

其中 $$T_1=R_2C\ln\frac{V_{DD}-V_{T-}}{V_{DD}-V_{T+}},\quad T_2=R_1C\ln\frac{V_{T+}}{V_{T-}}$$

(1) 因为 $q=50\%$,所以 $T_1=T_2$,即

$$R_2C\ln\frac{V_{DD}-V_{T-}}{V_{DD}-V_{T+}}=R_1C\ln\frac{V_{T+}}{V_{T-}}$$

代入已知数,可求得

$$\frac{R_1}{R_2}=\ln\frac{V_{DD}-V_{T-}}{V_{DD}-V_{T+}}\Big/\ln\frac{V_{T+}}{V_{T-}}\approx 0.75$$

(2) 因为

$$T_1=R_2C\ln\frac{V_{DD}-V_{T-}}{V_{DD}-V_{T+}}\approx 2.485\times 10^{-4}\ s$$

$$T_2=R_1C\ln\frac{V_{T+}}{V_{T-}}\approx 1.216\times 10^{-4}\ s$$

所以有

$$f=\frac{1}{T_1+T_2}\approx 2.7\ kHz,\quad q=\frac{T_1}{T_1+T_2}\approx 0.67$$

【例 6.1.6★】 由 TTL 与非门组成的施密特触发器电路如图 6.2.9 所示,已知与非门输出的高、低电平分别为 V_{OH} 和 V_{OL},阈值电压为 V_{TH},二极管的导通电压为 V_D,试导出电路的正、负触发电平 V_{T+} 和 V_{T-} 以及回差电压 $\triangle V$ 的计算公式。

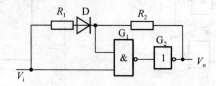

图 6.2.9

答:由电路可知,当 $V_i = 0$ 时,门 G_1 关闭输出高电平,而门 G_2 开启输出低电平,$V_O = V_{OL}$ 为电路的初始稳态,此时 V_A 为低电平,从而维持了门 G_1 的关闭状态。

随着 V_i 上升,V_A 也随之上升,当 V_A 升至门 G_1 的阈值电压 V_{TH} 时,门 G_1 开启输出低电平,致使门 G_1 关闭输出高电平,$V_O = V_{OH}$,电路转移至第二稳态。

由于状态的转移是在 $V_A = V_{TH}$ 瞬间发生的,此时的输入电平

$$V_i = I_{R_1} R_1 + V_D + V_A$$

且

$$I_{R_1} \approx I_{R_2} = \frac{V_{TH} - V_{OL}}{R_2}$$

由此可得出电路的正触发电平为

$$V_{T+} = V_{TH} + V_D + \frac{R_1}{R_2}(V_{TH} - V_{OL})$$

电路转移至第二稳态后,$V_A = V_{OH}$,此时 V_i 若下降,当降至门 G_1 的阈值 V_{TH} 时,门 G_1 关闭输出高电平,并使门 G_2 开启输出低电平 $V_o = V_{OL}$,电路返回初始稳态,因此电路的负触发电平为

$$V_{T-} = V_{TH}$$

电路的回差电压

$$\Delta V = V_{T+} - V_{T-} = \frac{R_1}{R_2}(V_{TH} - V_{OL}) + V_D$$

题型2 单稳态触发器

【例 6.2.1★】 图 6.2.10 所示电路为一微分型单稳态触发器电路,试回答下列问题:

(1) u_i 是什么端,应加入正向还是负向脉冲;

(2) 对 u_i 输入脉冲宽度 t_{wl} 有何要求;

(3) 定性地画出正常工作时的 $u_{i1}, u_{o1}, u_{i2}, u_{o2}$ 的波形;

(4) 给出电路的最高工作频率 f_{max} 的表达式。

答:图 6.2.10 所示电路是微分型单稳态触发器。单稳态电路有两个工作状态:稳态和暂稳态。在输入脉冲作用下它从稳态转入暂稳态,维持一段时间后又返回稳态。输出脉冲宽度(即暂稳态时间)是电路的主要参数,用 t_W 表示。

$$t_W = (R + R_O)C\ln\left(\frac{R}{R + R_O} \cdot \frac{U_{OH}}{U_{TH}}\right)$$

其中,R_O 是 TTL 与非门输出高电平 U_{OH} 时的输出电阻,实际使用中,经常用以下公式

进行估算：

$$t_w \approx 0.8RC(R < R_{off})$$

由此可见，输出脉冲宽度 t_w 只与电路参数 R、C 有关。

电路的恢复时间 t_{re} 为

$$t_{re} \approx (3 \sim 5)\frac{R_1}{R}C$$

其中，R_1 为 TTL 与非门输入级基极回路的电阻。

电路的分辩时间 t_d 为

$$t_d = t_w + t_{re}$$

通过以上的分析，可知本题的答案为

（1）u_i 是触发端，应加入负向脉冲。

（2）负向脉冲的宽度应小于单稳态电路的暂稳态时间 t_w。

（3）波形图如图 6.2.11 所示。

（4）电路的最高工作频率 $$f_{max} = \frac{1}{t_d} = \frac{1}{t_w + t_{re}}$$

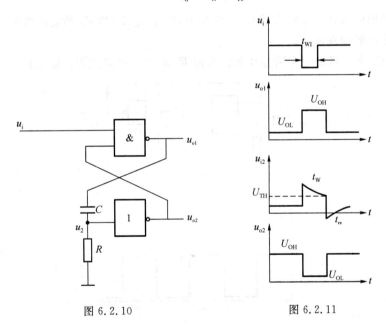

图 6.2.10   图 6.2.11

【例 6.2.2】 由集成单稳态触发器 74121 组成的延时电路及输入波形如图 6.2.12 所示。试回答下列问题：

（1）计算输出脉宽的变化范围。

（2）解释为什么使用电位器时要串接一个电阻。

答：（1）电路中集成单稳态触发器 74121 的输出脉宽与电路外接电阻、电容取值有关。脉宽 $t_w = 0.7RC$。

由题目可知，电阻 $R = (5.1 \sim 25.1)$ kΩ，$C = 1\ \mu$F 代入，可得脉宽

$$t_w = (3.57 \sim 13.57)\ \text{ms}$$

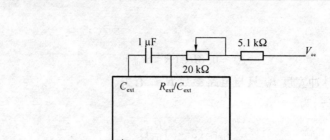

图 6.2.12

(2) 若不串接电阻,单稳态触发器 74121 外接电阻仅为电位器,那么当电位器阻值一旦调为 0 时,单稳态触发器的脉宽会相应为 0,触发器无法定时,不能正常工作。

【例 6.2.3】 TTL 与非门组成的微分型单稳态触发器电路及给定的触发信号如图 6.2.13 (a)、(b)所示。

(1) 试画出电路在给定触发信号 V_i 作用下,V_A、V_{o1}、V_{i2} 和 V_o 的电压波形。

(2) 求输出脉冲宽度 T_W。

(3) R_d、C_d 在电路中的作用是什么? 去掉 R_d、C_d 时,电路能否正常工作?

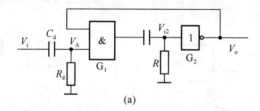

(a)

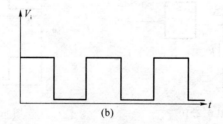

(b)

图 6.2.13

答:(1) 根据题意分析,可得出 V_A、V_{o1}、V_{i2} 和 V_o 的电压波形如图 6.2.14 所示。

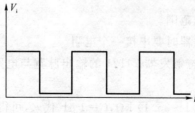

图 6.2.14

（2）可知

$$T_w = RC \ln \frac{V_{c(\infty)} - V_{c(0)}}{V_{c(\infty)} - V_{TH}}$$

又

$$V_{c(\infty)} = V_{OH}, \quad V_{c(0)} = 0$$

将此代入上式可得：

$$T_w = RC \ln \frac{V_{OH}}{V_{OH} - V_{TH}}$$

（3）若输入触发脉冲 V_i 的负脉冲宽度小于输出脉冲宽度 T_w，则 R_d、C_d 可省略，电路仍能正常工作，若 V_i 的负脉冲宽度大于 T_w，则 R_d、C_d 存在方能使电路从暂稳态返回至稳态时的正反馈过程得以进行，否则电路将不能正常工作。

题型3　多谐振荡器

【例6.3.1★】 RC 环形多谐振荡电路如图6.2.15所示，试分析电路的振荡过程，画出 V_{o1}、V_{o2}、V_{o3}、V_R 和 V_{o1} 的输出波形。

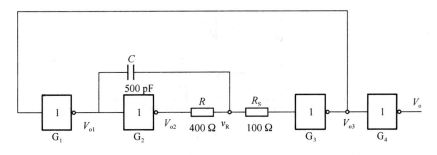

图 6.2.15

答： 由电路图可知，若电路导通瞬间，V_{o3} 输出为1，则可推出 $V_{o1} = 0$，$V_{o2} = 1$。由于电容电压不能突变，可知 $V_R = 0$，从而保持 V_{o3} 为高电平，这是电路的第一暂稳态：$V_{o1} = 0$，$V_{o2} = 1$，$V_{o3} = 1$，$V_o = 0$。

第一暂稳态后电容 C 开始充电，使 V_R 上升至阈值电压 V_{TH}，这时电路进入第二暂稳态：$V_{o1} = 1$，$V_{o2} = 0$，$V_{o3} = 0$，$V_o = 1$。存在正反馈：

$$V_R \uparrow \longrightarrow V_{o3} \longrightarrow V_{o1} \longrightarrow V_{o2} \uparrow$$

在第二暂稳态期间，V_{o1} 通过电阻 R 及 G_2 对电容反向充电，V_R 将按指数规律下降，当 V_R 降至阈值电压 V_{TH} 时，又发生正反馈：

$$V_R \downarrow \longrightarrow V_{o3} \longrightarrow V_{o1} \longrightarrow V_{o2} \uparrow$$

结果使电路返回至第一暂稳态，电路发生振荡现象，其工作波形如图6.2.16所示。

【例6.3.2】 RC 环形多谐振荡电路如图6.2.17所示，已知 $U_{OH} = 3V$，$U_{OL} = 0$ V。试分析电路的振荡过程：

（1）当开关 S_1、S_2 断开时，定性地给出 u_A、u_B 和 u_O 的波形。

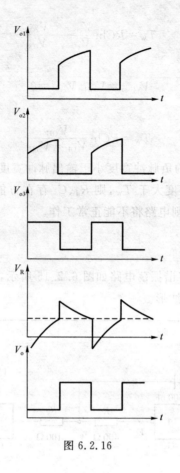

图 6.2.16

（2）计算振荡频率。

（3）S_1 断开，S_2 闭合时，u_O 的波形如何？

（4）S_1 闭合，S_2 闭合时，u_O 的波形如何？

（5）S_1 闭合，S_2 断开时，u_O 的波形如何？

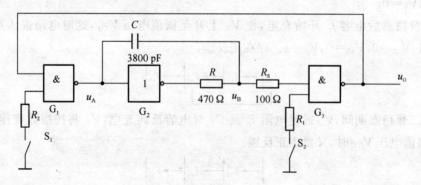

图 6.2.17

答：（1）关于波形输出图像分析，参见上题详解。定性地画出 u_A、u_B 和 u_O 的波形如图 6.2.18 所示。

（2）振荡频率 $f \approx 2.2RC$，代入已知数值，推得 $f \approx 254 \text{ kHz}$。

（3）当 S_1 断开，S_2 闭合时，由于 S_2 闭合，则 G_1 相当于输入低电平，G_1 输出高电平，G_2 输出低电平，G_3 输出高电平，且不会变化，故 $u_O = U_{OH}$，没有振荡波形。

（4）同理，当 S_1 闭合，S_2 闭合时，与（3）相同 $u_O = U_{OH}$，没有振荡波形。

（5）S_1 闭合，S_2 断开时，电路状态与（1）相同，G_1 受 u_O 的控制电路振荡，波形如图 6.2.18 所示。

从以上分析不难看出，S_1 闭合、断开与否对电路的工作状态并无影响，不论闭合或断开，G_3 输入的始终是高电平。只有 S_2 闭合或断开对电路的工作状态有影响，S_2 断开，G_1 相当于输入高电平，G_1 受控于 u_O，电路工作状态正常。S_2 闭合，G_1 相当于输入低电平，输出高电平，电路不振荡，$u_O = U_{OH}$。

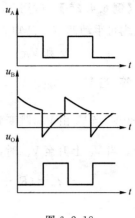

图 6.2.18

题型 4　555 定时器及其应用

【例 6.4.1★】　图 6.2.19 给出了一个用 555 定时器构成的压控振荡器，试求输入控制电压 V_i 和振荡频率 f 之间的关系。当 V_i 升高时 f 是升高还是降低？

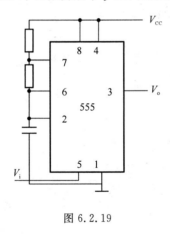

图 6.2.19

答：本题的 V_i 直接接于 555 定时器的 5 脚，故内部的 $V_{T+} \neq \dfrac{2}{3} V_{CC}$，$V_{T-} \neq \dfrac{1}{3} V_{CC}$。因为 V_i 是 555 定时器的外接控制电压，所以 555 定时器的内部参考电压分别为

$$V_{T+} = V_i$$

$$V_{T-} = \frac{1}{2} V_i$$

电路工作时，电容 C 两端的电压 V_C 在 $\dfrac{1}{2} V_i$ 和 V_i 之间振荡。可以求出 V_C 从 $\dfrac{1}{2} V_i$ 上升至 V_i 的时间

$$T_1 = (R_1 + R_2) C \ln \frac{V_{CC} - \dfrac{1}{2} V_i}{V_{CC} - V_i}$$

以及 V_C 从 V_i 下降至 $\dfrac{1}{2} V_i$ 的时间

$$T_2 = R_2 C \ln \frac{0 - V_i}{0 - \dfrac{1}{2} V_i} = R_2 C \ln 2$$

振荡频率

$$f = \frac{1}{T_1 + T_2} = \frac{1}{(R_1 + R_2) C \ln \left(1 + \dfrac{1}{2 \left(\dfrac{V_{CC}}{V_i} - 1 \right)} \right) + R_2 C \ln 2}$$

【例 6.4.2★】 试用 555 定时器设计一个单稳态触发器,要求:输出脉冲在 1 s~10 s 的范围内可手动调节。已知 555 定时器的电源为 15 V,触发信号来自 TTL 电路,高低电平分别为 $V_{OH}=3.4$ V 和 $V_{OL}=0.1$ V。

答:当 $V_i=V_{OH}>V_{T-}=\frac{1}{2}V_{CO}$ 时,电路处于稳态,V_O 为低电平,电容 C 两端的电压 $V_C \approx 0$ V。当 V_i 由 V_{OH} 跳变到 $V_{OL}<V_{T-}=\frac{1}{2}V_{CO}$ 时,电路进入暂稳态,V_O 为高电平,V_C 开始上升。当 V_C 上升至 V_{CO} 时,电路退出暂稳态,V_O 回到低电平。输出脉冲宽度为

$$t_W=(R_1+R_2)C\ln\frac{V_{C(\infty)}-V_{C(0)}}{V_{C(\infty)}-V_{C(0)}}=(R_1+R_2)C\ln\frac{V_{CC}}{V_{CC}-V_{CO}}$$

假定

$$\frac{1}{2}V_{CO}=\frac{V_{OH}+V_{OL}}{2}=1.75V$$

即

$$V_{CO}=3.5\ V$$

代入已知值,可推得 $\qquad t_W\approx0.27(R_1+R_2)C$。

由题意可知 $\qquad 1\leqslant t_W=0.27(R_1+R_2)C\leqslant10$

取 $C=100\ \mu F$,得

$$37.5\ k\Omega\leqslant(R_1+R_2)\leqslant374.5\ k\Omega$$

设计的电路图如图 6.2.20 所示。

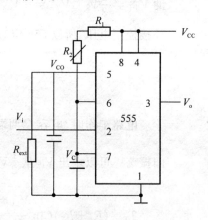

图 6.2.20

【例 6.4.3】 图 6.2.21 给出了一个延迟报警器电路。当开关 S 断开后,经过一定时间扬声器开始发出声音,如果在延迟时间内重新闭合,扬声器不会发出声音。试求延迟时间的具体数值和扬声器发出声音的频率。图中,G_1 是 CMOS 反相器,它的输出高、低电平分别为 $V_{OH}=12$ V,$V_{OL}=0$ V。其中 $R_1=5$ kΩ, $R_2=5$ kΩ, $R_3=1$ MΩ, $C_1=0.01\ \mu F$, $C_2=100\ \mu F$, $C_3=10\ \mu F$。

答:本题中左右两个 555 定时器分别接成了施密特触发器和多谐振荡器。其中,施密特触发器的正向阈值电压和反向阈值电压分别为

$$V_{T+}=\frac{2}{3}V_{CC}=8\ V$$

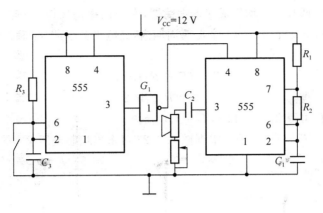

图 6.2.21

$$V_{T-} = \frac{1}{3}V_{CC} = 4\text{ V}$$

开关 S 闭合时,施密特触发器的输入电压 $V_i = 0\text{ V} < V_{T-}$,施密特触发器输出高电平,反相器 G_1 输出低电平,右边 555 定时器的异步复位端有效,多谐振荡器输出低电平,扬声器不会发出声音。开关 S 断开后,V_i 随着电容 C 的充电从 0 V 逐渐上升,当 V_i 上升到 V_{T+} 时,施密特触发器输出低电平,反相器 G_1 输出高电平,右边 555 定时器的异步复位端无效,多谐振荡器输出矩形波。

延迟时间为

$$t_D = R_3 C_3 \ln \frac{V_{CC} - 0}{V_{CC} - V_{T+}} \approx 11\text{ s}$$

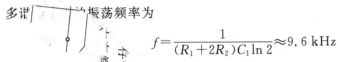

多谐振荡频率为

$$f = \frac{1}{(R_1 + 2R_2)C_1 \ln 2} \approx 9.6\text{ kHz}$$

【**例 6.4.4**】 图 6.2.22 给出了一个救护车扬声器发音电路。试计算扬声器发出声音得高、低音的持续时间。当 $V_{CC} = 12$ V 时,555 定时器输出的高、低电平分别为 $V_{OH} = 11$ V 和 $V_{OL} = 0.2$ V,输出电阻小于 100 Ω。

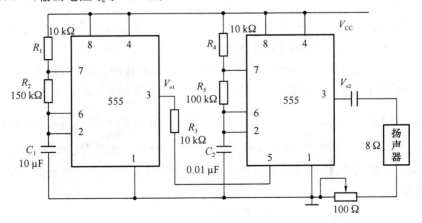

图 6.2.22

答:本题中左右两片 555 均组成多谐振荡器,左边的振荡周期可直接代入公式求得,而右边受制于 V_{o1} 的输出。在 V_{o1} 的一个振荡周期内,高电平持续期 T_1 和低电平持续期 T_2 分别为

$$T_1 = (R_1 + R_2)C_1 \ln 2$$
$$T_2 = R_2 C_1 \ln 2$$

代入已知数值,可得 $T_1 = 1.11\ \text{s}, T_2 = 1.04\ \text{s}$。

V_{o2} 的振荡周期 T 与 V_{o1} 有关。根据图 6.2.23 可求出控制电压 V_{CO} 的关系为

$$V_{CO} \approx \frac{(5+5)//10}{(5+5)//10+5}V_{cc} + \frac{(5+5)//10}{(5+5)//10+10}V_{o1}$$
$$= 0.5V_{cc} + 0.25V_{o1}$$

可得

$$T = T_3 + T_4 = (R_4 + R_5)C_2 \ln \frac{V_{cc} - 0.5V_{CO}}{V_{cc} - V_{CO}} + R_5 C_2 \ln \frac{0 - V_{CO}}{0 - 0.5V_{CO}}$$

代入已知参数,可知,当 $V_{O1} = 11\ \text{V}$ 时,$T = 1.63\ \text{ms}, f = 1/T = 613\ \text{Hz}$。

当 $V_{O1} = 0.2\ \text{V}$ 时,$T = 1.15\ \text{ms}, f = 1/T = 873\ \text{Hz}$。

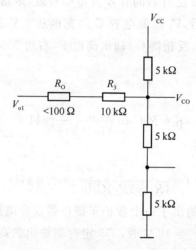

图 6.2.23

【例 6.4.5★】 图 6.2.24 给出了一个用 555 定时器组成的开机延时电路。若 $C = 25\ \mu\text{F}, R = 91\ \text{k}\Omega, V_{cc} = 12\ \text{V}$,试计算常闭开关 S 断开后经过多长时间 V_o 才跳到高电平。

答:由图可知,此电路是一个用 555 定时器构成的施密特触发器,但 V_o 由低电平转变为高电平的时间却符合单稳态的暂稳态时间 $t_w = RC \ln 3$。开机前,开关 S 闭合,因为施密特触发器的输入电压 $V_i = V_{cc} > \frac{2}{3}V_{cc} = V_+$,所以其输出电压 $V_O = V_{OL}$。因为电容 C 被短路,所以其端电压为 0 V。开机后,开关 S 打开,+12 V 电源经过电阻 R 给电容 C 充电,电容两端的电压由 0 V 逐渐升高,V_i 由 V_{cc} 下降到 $1/3 V_{cc}$,这段时间就是开机延迟时间 t_D。由以上分析,可得:

$$t_D = RC \ln \frac{V_i(\infty) - V_i(0)}{V_i(\infty) - V_i(t_D)} = RC \ln \frac{0 - V_{cc}}{0 - \frac{1}{3}V_{cc}} = RC \ln 3$$

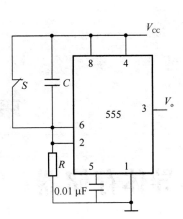

图 6.2.24

代入已知数值,可得 $t_D \approx 2.5$ s。

第 7 章

半导体存储器

【**基本知识点**】静态 RAM、动态 RAM 工作原理、掩模 ROM、PROM、EPROM 特点，存储容量扩展。

【**重点**】静态 RAM、动态 RAM 工作原理。

【**难点**】静态 RAM、动态 RAM 工作原理。

7.1 答疑解惑

7.1.1 什么是只读存储器？

通常将存储器划分为内存储器和外存储器两种。一般情况下，都是使用半导体存储器做内存储器，使用磁介质存储器做外存储器。

在计算机工作过程中，只能读不能写的存储器，称为只读存储器，即 ROM(Read only Memory)。ROM 中的程序和数据是事先存入的，在工作过程中不能改变，这种事先存入的信息不因掉电而丢失，因此 ROM 常用来存放计算机监控程序、基本输入/输出程序等系统程序和数据。

7.1.2 只读存储器的构成及分类有哪些？

ROM 的电路结构主要包括地址译码器和存储矩阵，其结构框图如图 7.1.1 所示。存储矩阵由许多存储单元排列而成，存储单元可以用二极管构成，也可以用双极型晶体管或 MOS 管构成，每个存储单元可以存放一位二进制代码(0 或 1)。

只读存储器(ROM)有掩模式 ROM、PROM、EPROM 和 E^2PROM 等形式，属于非易失性的存储器，它存储的是固定数据，一般只能被读出，还可用来实现逻辑函数。根据数据写入方式的不同，ROM 又可分成固定 ROM 和可编程 ROM。后者又可细分为

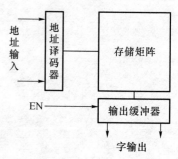

图 7.1.1

PROM、EPROM、E^2PROM 和快闪存储器等,特别是 E^2ROM 和快闪存储器可以进行电擦写,兼有了 RAM 的特性。从制造工艺上又可以把存储器分为双极型和 MOS 型两大类。但双极型存储器功耗大,集成度低,因而目前大容量的存储器都采用具有低功耗,集成度高的 MOS 工艺制作。

7.1.3 什么是随机存储器(RAM)?

对于随机存储器 RAM 来说,它是一种时序逻辑电路,具有记忆功能。其他存储的数据随电源断电而消失,因此是一种易失性的读写存储器。它包含 SRAM 和 DRAM 两种类型,前者用触发器记忆数据,后者靠 MOS 管栅极电容存储数据。因此,在不停电的情况下,SRAM 的数据可以长久保持,而 DRAM 则必须定期刷新。

7.1.4 随机存储器(RAM)的构成及分类有哪些?

RAM 的电路通常由存储矩阵、地址译码器和读/写控制器三部分组成,其结构框图如图 7.1.2 所示。

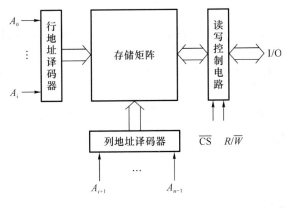

图 7.1.2

1. 存储矩阵

存储矩阵由大量存储单元按一定规则排列而成,每个存储单元可以存储 1 位二进制信息(0 或 1)。例如,一个 32×8 的存储矩阵是由 256(容量)歌存储单元组成,32 表示该存储矩阵有 32 个字,8 表示每个字 8 位。

2. 地址译码器

为了把某一存储单元中的信息读出或写入,需要地址译码器把存储单元的地址线译成高电平,使其在读/写控制器的配合下进行读/写操作。存储单元的编址方式有单译码方式和双译码方式两种。单译码编址方式适用于小容量存储器,而双译码编址方式适用于大容量存储器。

在单译码编址方式中,只有行地址译码器而没有列地址译码器,行地址译码器输出为字线,字线与输入地址变量相对应,字线选中某个字的所有位,在读/写控制器的控制下同时进行读/写操作。在双译码编址方式中,既有行地址译码器又有列地址译码器,由地址输入代码分别选通行译码器输出的行线和列译码器输出的列线相交的存储单元,并使这些被选中的单元与读/写控制电路及输入/输出端接通,以便对这些单元进行读/写操作。

3. 读/写控制电路

读/写控制电路控制着电路的工作状态。当读/写控制信号 $R/\overline{W}=1$ 时,执行读操作;当 $R/\overline{W}=0$ 时,执行写操作。

在读/写控制电路上还设有片选输入端 $\overline{CS}$。当 $\overline{CS}=0$ 时,RAM 为正常工作状态;当 $\overline{CS}=1$ 时,所有的输入/输出端均为高阻态,不能对 RAM 进行读/写操作。

7.1.5 如何扩展存储容量?

一片 ROM 或 RAM 器件的容量不够时,可将多片 ROM 或 RAM 连在一起来扩展存储容量。容量的扩展,可以通过增加位数或字数来实现。

存储容量是指存储器系统能容纳的二进制总位数,常用字节数或单元数×位数两种方法来描述。这两种表示方法是等价的。

1. 字节数

若主存按字节编址,即每个存储单元有 8 位,则相应地用字节数表示存储容量的大小。

$1\ KB=1\ 024\ B,1\ MB=1\ K\times1\ K=1\ 024\times1\ 024\ B,1\ GB=1\ KMB=1\ 024\times1\ 024\times1\ 024\ B$。

2. 单元数×位数

若主存按字编址,即每个存储单元存放一个字,字长超过 8 位,则存储容量用单元数×位数来描述。

例如,机器字长 32 位,其存储容量为 4 MB,若按字编址,那么它的存储容量可表示成 1 MW。

答疑解惑 | 半导体存储器

7.2 典型题解

题型 1 只读存储器(ROM)

【例 7.1.1】 把表 7.2.1 中的内容用 ROM 电路表示出来。

表 7.2.1

A_1	A_0	D_3	D_2	D_1	D_0
0	0	1	0	1	0
0	1	0	1	0	1
1	0	1	1	0	1
1	1	1	0	1	1

答:由表 7.2.1 得出如下表达式:

$$D_3=\overline{A_1 A_0}+A_1\ \overline{A_0}$$
$$D_2=\overline{A_1}A_0+A_1\ \overline{A_0}$$
$$D_1=\overline{A_1 A_0}+A_1 A_0$$
$$D_0=\overline{A_1}A_0+A_1\ \overline{A_0}+A_1 A_0$$

将地址变量作为逻辑变量,则地址译码器提供的每个最小项,即相当于"与"运算,每一位线,对应于最小项实现"或"运算。可得 ROM 阵列如图 7.2.1 所示。

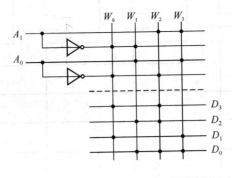

图 7.2.1

从本题可以看出,ROM 电路是将逻辑函数通过与一或形式表达出来。通过地址译码器形成输入变量的所有的最小项(实现"与"运算),再通过存储矩阵实现"或"运算,这样就形成了各个输出函数。

【例 7.1.2★】 用如图 7.2.2(a)所示的 ROM 实现一个多功能的组合电路,分别输出 4 个逻辑函数:$D_3 = \overline{AB}$,$D_2 = \overline{A+B}$,$D_1 = A \oplus B$;$D_0 = A \cdot B$。试在图中画出 NMOS 矩阵,只须在一个相关的基本存储单元中画出 NMOS 管,其余部分可用"."代替。

答: 本例是利用 NMOS 反相器作为基本存储单元构成的 ROM。在同一位线上相关的各基本存储单元中的反相器,共用一个负载管,反相器输入接在字线上,输出接在位线上。从 ROM 结构可知,当位线输出通过三态反相器选通时,若在基本存储单元中存储 1,则只须由地址选中该基本存储单元,使反相器工作管导通,位线通过工作管沟道接地;若是存储 0,则使工作管截止,位线与工作管脱开。为了简化 ROM 结构,凡是在存储 0 的基本存储单元内不再设置工作管,位线直接通过负载管与通孔接通。而在画 ROM 阵列图时,通常采用一种简便的标注方式,即存储 1 则在字线与位线的交叉点上标注".";存储 0 则不标注。本例 4 条位线分别输出的是 4 个逻辑函数:$\overline{AB}$,$\overline{A+B}$,$A \oplus B$,$A \cdot B$,只要根据电路真值表即可画出对应的 ROM 存储矩阵图。

依照题意分析,建立电路的真值表如表 7.2.2 所示。画出的 ROM 矩阵图如图 7.2.3(b)所示。ROM 电路通常由地址译码器、存储体及输出控制 3 个功能块组成。本例为字结构 ROM,采用线选法寻址,仅设置 x 地址译码器。在地址码输入后,译码器仅有一条输出线,即字线输出为 1,并选中该字线控制的存储体中存储一个字的存储单元,从位线选通读出一个字的信息。值得注意的是,基本存储单元中存储 1 设置 NMOS 管,还是存储 0 设置 NMOS,取决于位线经选通门输出时是否反相。本例是经选通门反相输出。因此存储 1 时设置 NMOS 管。若输出不反相,则应在存储 0 的基本存储单元中设置 NMOS 管。也就是说,要视具体要求决定,不能一概而论。

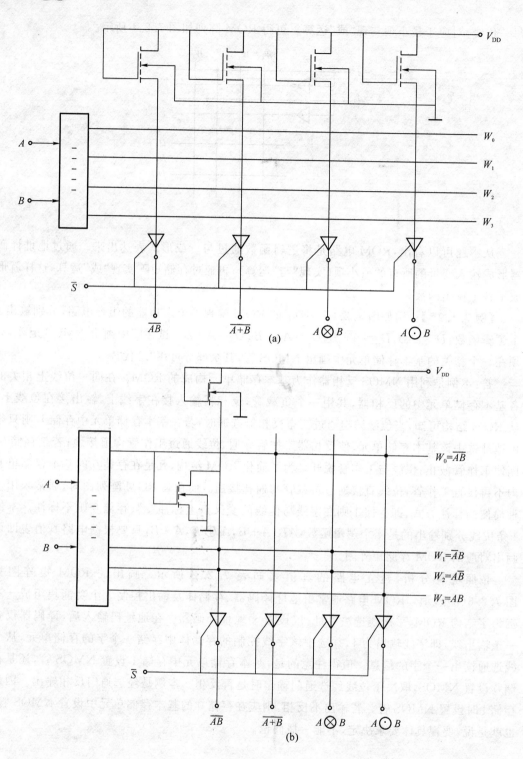

图 7.2.2

表 7.2.2

AB	D_3	D_2	D_1	D_0
	$\overline{AB}$	$\overline{A+B}$	$A \oplus B$	$A \odot B$
00	1	1	0	1
01	1	0	1	0
10	1	0	1	0
11	0	0	0	1

【**例 7.1.3**】 利用 ROM 构成的任意波形发生器如图 7.2.3 所示,改变 ROM 的内容,即可改变输出波形,当 ROM 的内容如表 7.2.3 所示时,画出输出端随 CP 的变化。

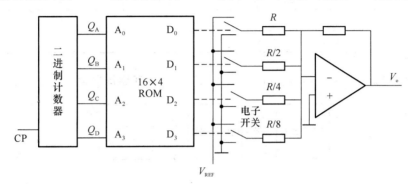

图 7.2.3

表 7.2.3

$A_3A_2A_1A_0$	$D_3D_2D_1D_0$	$A_3A_2A_1A_0$	$D_3D_2D_1D_0$
0 0 0 0	0 1 0 0	1 0 0 0	0 1 0 0
0 0 0 1	0 1 0 1	1 0 0 1	0 0 1 1
0 0 1 0	0 1 1 0	1 0 1 0	0 0 1 0
0 0 1 1	0 1 1 1	1 0 1 1	0 0 0 1
0 1 0 0	1 0 0 0	1 1 0 0	0 0 0 0
0 1 0 1	0 1 1 1	1 1 0 1	0 0 0 1
0 1 1 0	0 1 1 0	1 1 1 0	0 0 1 0
0 1 1 1	0 1 0 1	1 1 1 1	0 0 1 1

答:由图可知,二进制计数器在 CP 作用下不断生成 ROM 的地址码。ROM 的数据输出控制电子开关,当 ROM 的数据输出为 1 时,电子开关接 V_{REF},当 ROM 的数据输出为 0 时,电子开关接地。运放和相关电阻构成反相比例加法电路。

可得本电路输出电压 V_o 与 ROM 输出 $D_0 \sim D_3$ 的关系为

$$V_o = -R_f\left(\frac{D_0 V_{REF}}{R} + \frac{2D_1 V_{REF}}{R} + \frac{4D_2 V_{REF}}{R} + \frac{8D_3 V_{REF}}{R}\right)$$

$$= -\frac{R_f V_{REF}}{R}(D_0 + 2D_1 + 4D_2 + 8D_3)$$

设 $K = -\dfrac{R_f V_{\text{REF}}}{R}$，则 V_o 与 ROM 输出 $D_0 \sim D_3$ 的对应关系如表 7.2.4 所示。

表 7.2.4

$A_3 A_2 A_1 A_0$	$D_3 D_2 D_1 D_0$	V_o	$A_3 A_2 A_1 A_0$	$D_3 D_2 D_1 D_0$	V_o
0 0 0 0	0 1 0 0	4K	1 0 0 0	0 1 0 0	4K
0 0 0 1	0 1 0 1	5K	1 0 0 1	0 0 1 1	3K
0 0 1 0	0 1 1 0	6K	1 0 1 0	0 0 1 0	2K
0 0 1 1	0 1 1 1	7K	1 0 1 1	0 0 0 1	1K
0 1 0 0	1 0 0 0	8K	1 1 0 0	0 0 0 0	0K
0 1 0 1	0 1 1 1	7K	1 1 0 1	0 0 0 1	1K
0 1 1 0	0 1 1 0	6K	1 1 1 0	0 0 1 0	2K
0 1 1 1	0 1 0 1	5K	1 1 1 1	0 0 1 1	3K

【例 7.1.4★】 试用 ROM 设计产生如图 7.2.4 所示四路周期信号的逻辑电路。

图 7.2.4

答：分析电路图可知，在一个周期内要求产生的信号如表 7.2.5 所示。所以，可用二进制加（模 8）法计数器的状态输出端 $Q_2 Q_1 Q_0$ 作为 ROM 的地址输入，地址译码器译出 8 条字线，每条字线选通 ROM 矩阵的 4 位码输出。

表 7.2.5

$Q_2 Q_1 Q_0$	W	$Y_3 Y_2 Y_1 Y_0$
0 0 0	W_0	0 0 1 1
0 0 1	W_1	0 1 1 0
0 1 0	W_2	0 1 0 1
0 1 1	W_3	0 0 0 0
1 0 0	W_4	1 0 1 1
1 0 1	W_5	1 1 1 0
1 1 0	W_6	1 1 0 1
1 1 1	W_7	1 0 0 0

由表可知

$$Y_3 = W_4 + W_5 + W_6 + W_7$$
$$Y_2 = W_1 + W_2 + W_5 + W_6$$
$$Y_1 = W_0 + W_1 + W_4 + W_5$$
$$Y_0 = W_0 + W_2 + W_4 + W_6$$

【例 7.1.5】 分析图 7.2.5 所示 ROM 电路的逻辑功能并列出真值表。

答:分析电路,可知或阵列上每一个点都代表一个最小项,所有位线上的点相加,即可得到输出 $Y_0 \sim Y_3$ 的标准与或式,在根据输出逻辑表达式列出真值表,分析此电路的逻辑功能。

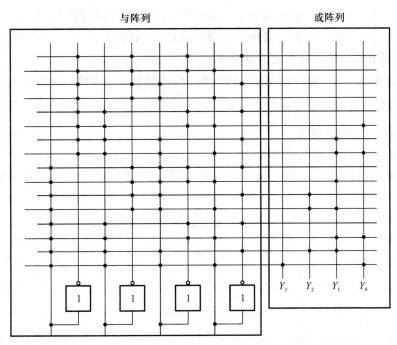

图 7.2.5

由图可知:

$$Y_3 = A_1 A_0 B_1 B_0$$

$$Y_2 = A_1 \overline{A_0} B_1 \overline{B_0} + A_1 \overline{A_0} B_1 B_0 + A_1 A_0 B_1 \overline{B_0}$$

$$Y_1 = \overline{A_1} A_0 B_1 \overline{B_0} + \overline{A_1} A_0 B_1 B_0 + A_1 \overline{A_0 B_1} B_0 + A_1 \overline{A_0} B_1 B_0 + A_1 A_0 B_1 \overline{B_0}$$

$$Y_0 = \overline{A_1} A_0 \overline{B_1} B_0 + \overline{A_1} A_0 B_1 B_0 + A_1 A_0 \overline{B_1} B_0 + A_1 A_0 B_1 B_0 + A_1 A_0 B_1 \overline{B_0}$$

由表达式可得逻辑电路真值表如表 7.2.6 所示。

表 7.2.6

$A_1 A_0 B_1 B_0$	$Y_3 Y_2 Y_1 Y_0$	$A_1 A_0 B_1 B_0$	$Y_3 Y_2 Y_1 Y_0$
0 0 0 0	0 0 0 0	1 0 0 0	0 0 0 0
0 0 0 1	0 0 0 0	1 0 0 1	0 0 1 0
0 0 1 0	0 0 0 0	1 0 1 0	0 1 0 0
0 0 1 1	0 0 0 0	1 0 1 1	0 1 1 0
0 1 0 0	0 0 0 0	1 1 0 0	0 0 0 0
0 1 0 1	0 0 0 1	1 1 0 1	0 0 1 1
0 1 1 0	0 0 1 0	1 1 1 0	0 1 1 0
0 1 1 1	0 0 1 1	1 1 1 1	1 0 0 1

由真值表可知,此电路实现的式 2 位二进制数 $A_1 A_0$ 和 $B_1 B_0$ 的相乘。

【例 7.1.6★】 试用 ROM 产生一组逻辑函数和阵列图。

$$F_0 = \overline{A}\,\overline{B}\,\overline{C}\,\overline{D}$$

$$F_1 = ABCD$$

$$F_2 = \overline{A}\,\overline{B}\,\overline{C} + \overline{B}\,\overline{C}\,\overline{D} + \overline{A}\,\overline{B}\,\overline{D} + \overline{A}\,\overline{C}\,\overline{D}$$

$$F_3 = ABC + BCD + ABD + ACD$$

答:本题是用 ROM 实现逻辑函数的问题。一般的步骤为

(1) 确定逻辑函数的输入,输出变量数(即 ROM 的输入端和输出端数)。

(2) 将函数化为最小项之和 $\sum_i m_i$ 的形式作出数据表或直接根据函数式代入输入变量的所有取值组合,得出真值表。

(3) 根据真值表,画出相应的电路。

此题可以看到有 A、B、C 和 D 4 个输入变量,F_0、F_1、F_2 和 F_3 4 个输出,然后得出真值表如表 7.2.7 所示。

表 7.2.7

地址				数据			
A	B	C	D	F_3	F_2	F_1	F_0
0	0	0	0	0	1	0	1
0	0	0	1	0	1	0	0
0	0	1	0	0	1	0	0
0	0	1	1	0	0	0	0
0	1	0	0	0	1	0	0
0	1	0	1	0	0	0	0
0	1	1	0	0	0	0	0
0	1	1	1	1	0	0	0
1	0	0	0	0	1	0	0
1	0	0	1	0	0	0	0
1	0	1	0	0	0	0	0
1	0	1	1	1	0	0	0
1	1	0	0	0	0	0	0
1	1	0	1	1	0	0	0
1	1	1	0	1	0	0	0
1	1	1	1	1	0	1	0

由真值表可得阵列图如图 7.2.6 所示。

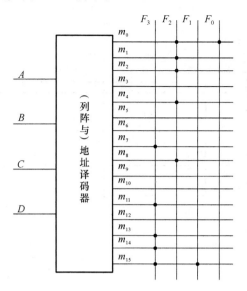

图 7.2.6

最后,还可以验证 $F_3 = \sum m(7,11,13,14,15)$,恰为 $F_3 = ABC + BCD + ABD + ACD$。同理可以验证 F_2, F_1, F_0 的正确性。

【例 7.1.7】 设计一个用 ROM 实现全加器电路,要求用 NMOS 管构成存储阵列,输出有三态缓冲器。分别列出真值表和画出符合要求的 ROM 电路。

答:首先列出全加器的真值表,并把它作为 ROM 的数据表,据此画出存储矩阵的连接图,从其输出端就可以得到全加器的和与进位输出。

列出全加器的真值表如表 7.2.8 所示。

表 7.2.8

A_i	B_i	C_{i-1}	S_i	C_i
0	0	0	0	0
0	0	1	1	0
0	1	0	1	0
0	1	1	0	1
1	0	0	1	0
1	0	1	0	1
1	1	0	0	1
1	1	1	1	1

采用 NMOS 管的存储矩阵如图 7.2.7 所示,在存储矩阵中只画出一只 NMOS 管,其余相应的存储单元用"·"表示。又由于输出三态缓冲器具有反相作用,所以在存储 1 的存储单元设置了 NMOS 管,若输出不反相,则应在存储 0 的存储单元设置 NMOS 管。

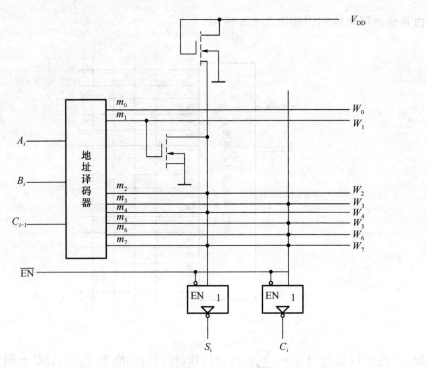

图 7.2.7

【例 7.1.8★】 已知输入、输出波形如图 7.2.8 所示,试用 ROM 和 74161 实现此电路。

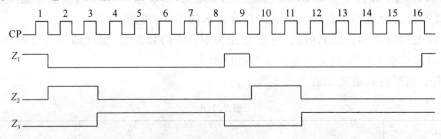

图 7.2.8

答:由图 7.2.8 可看出该电路产生三组序列信号:

$Z_1 = 10000000, Z_2 = 011000000, Z_3 = 00011111$,序列长度均为 8,因此,可以设计一个模 8 计数器,然后用组合输出电路输出三组序列。

(1) 模 8 计数器用 74161 实现,计数范围取 $000 \sim 111$,计到 111 时使 LD$=0$,同步置 0。

(2) 组合输出电路用 ROM 实现,与计数器连接的逻辑框图如图 7.2.9 所示。

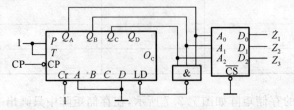

图 7.2.9

ROM 的真值表如表 7.2.9 所示。

表 7.2.9

Q_C	Q_B	Q_A	Z_1	Z_2	Z_3
0	0	0	1	0	0
0	0	1	0	0	0
0	1	0	0	1	0
0	1	1	0	0	0
1	0	0	0	0	1
1	0	1	0	0	0
1	1	0	0	0	1
1	1	1	0	0	1

根据真值表写出输出函数表达式为

$$Z_1 = m_0$$
$$Z_2 = m_1 + m_2$$
$$Z_3 = m_3 + m_4 + m_5 + m_6$$

根据以上表达式画出 ROM 的阵列图如图 7.2.10 所示。

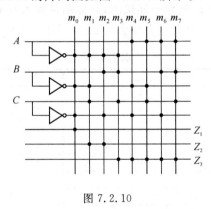

图 7.2.10

题型 2 随机存储器(RAM)

【例 7.2.1】 RAM 与 ROM 的区别与联系。

答:随机存储器 RAM 与只读存储器 ROM 都是由许多可存储一位二进制码元 0 与 1 的单元电路组成的大规模集成电路芯片。它们整体结构上有类似的地方,但又有各自的特点。

(1) RAM 与 ROM 的异同点

① 基本结构类似。都有地址译码器、存储矩阵、读写控制电路等三大部分。在工艺上都有双极型的和 MOS 型的。

② 存储容量表示一致。常用 m 字×n 位或 m 字节(每字节由 8 位组成)表示。m 的大小与地址输入变量的个数(设为 k)有关,它们的对应关系是 $2^k = m$。n 的大小决定了芯片内读写电路的个数。无论 m 为多大,若芯片容量是 m 字×n 位,则芯片中只存在 n 个读写电

路(一般 $n=1\sim 8$),也就有 n 位数据 I/O(输入/输出)。

③ 容量扩展的方法一致。由于每块芯片容量有限,当需要更大容量的存储系统时,就由多块芯片扩展而成。容量扩展包括字长扩展与地址扩展(字数扩展)。

④ RAM 与 ROM 在工作中的最大差异是 RAM 在工作电源下可以随机地写入或读出数据,掉电后数据丢失。ROM 的主要功能是反复读取它存储的内容,工作时一般不能更改内容,掉电后仍然保持数据。

(2) RAM 存储单元结构与操作

RAM 有静态 S-RAM 和动态 D-RAM 之分。S-RAM 存储信息与电路中寄生电容无关。而 D-RAM 电路中间断地给存储单元供电(刷新),因而要依靠存储单元中的寄生电容保持数据。

【例 7.2.2★】 试用一片 256×8 位的 RAM 产生下列一组逻辑函数

$$Y_1 = AB + BC + CD + AD$$
$$Y_2 = \bar A \bar B + \bar B \bar C + \bar C \bar D + \bar A \bar D$$
$$Y_3 = ABC + BCD + ABD + ACD$$
$$Y_4 = \bar A \bar B \bar C + \bar B \bar C \bar D + \bar A \bar B \bar D + \bar A \bar C \bar D$$
$$Y_5 = ABCD$$
$$Y_6 = \bar A \bar B \bar C \bar D$$

列出 RAM 的数据表,画出电路的连接图,并标明各输入变量与输出函数的接线端。

答:首先根据表达式可列出真值表如表 7.2.10 所示。

表 7.2.10

A	B	C	D	Y_6	Y_5	Y_4	Y_3	Y_2	Y_1
0	0	0	0	1	0	1	0	1	0
0	0	0	1	0	0	1	0	1	0
0	0	1	0	0	0	1	0	1	0
0	0	1	1	0	0	0	0	1	1
0	1	0	0	0	0	1	0	1	0
0	1	0	1	0	0	0	0	0	0
0	1	1	0	0	0	0	0	1	1
0	1	1	1	0	0	0	1	0	1
1	0	0	0	0	0	1	0	1	0
1	0	0	1	0	0	0	0	1	1
1	0	1	0	0	0	0	0	0	0
1	0	1	1	0	0	0	1	0	1
1	1	0	0	0	0	0	0	1	1
1	1	0	1	0	0	0	1	0	1
1	1	1	0	0	0	0	1	0	1
1	1	1	1	0	1	0	1	0	1

将此表作为 RAM 的数据表,由此表将函数化为最小项之和形式后得到

$$Y_1 = m_3 + m_6 + m_7 + m_9 + m_{11} + m_{12} + m_{13} + m_{14} + m_{15}$$
$$Y_2 = m_0 + m_1 + m_2 + m_3 + m_4 + m_6 + m_8 + m_9 + m_{12}$$
$$Y_3 = m_7 + m_{11} + m_{13} + m_{14} + m_{15}$$

$$Y_4 = m_0 + m_1 + m_2 + m_4 + m_8$$
$$Y_5 = m_{15}$$
$$Y_6 = m_0$$

将 A、B、C、D 分别接地址线 $A_3 \sim A_0$，$Y_6 \sim Y_1$ 分别接数据线 $I/O_5 \sim I/O_0$ 即可。

电路连接图如图 7.2.11 所示。

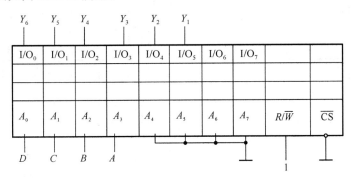

图 7.2.11

题型 3　存储容量的扩展

【例 7.3.1】　指出下列存储系统各具有多少个存储单元，至少需要几根地址线和数据线。

(1) $4K \times 1$　　(2) $128K \times 4$　　(3) $2M \times 1$　　(4) $256M \times 8$

答：存储单元数＝字数×位数

地址线根数(即地址码的位数)n 与字数 N 的关系为：$N = 2^n$，数据线根数＝位数

因此本题的答案为

(1) 存储单元＝$4K \times 1 = 4K = 2^{12}$　即 $n = 12$。所以地址线为 16 根。

数据线＝位数　所以数据线为 1 根。

(2) 存储单元＝$128K \times 4 = 2^{17} \times 4$　即 $n = 17$。所以地址线为 17 根。

数据线＝位数　所以数据线为 4 根。

(3) 地址线为 21 根，数据线为 1 根。

(4) 地址线为 28 根，数据线为 3 根。

【例 7.3.2】　试用 1024×4 位的 RAM 芯片组成一个 4096×8 位的存储器。

答：由题意可知，$4096 \times 8/(1024 \times 4) = 8$，所以需要用 8 片 1024×4 位的存储器芯片。可以用位扩展接法将每两片接成 1024×8 位的存储器。如图 7.2.12 中的 1 和 2,3 和 4,5 和 6,7 和 8。然后再用字扩展法将它们接成 4096×8 位的存储器。为了区分这 4 个 1024×8 位存储器，需要在 1024×4 位芯片的 10 位 $(2^{10} = 1024)$ 输入地址 $(A_9 \sim A_0)$ 之外增加 2 位地址代码 A_{10} 和 A_{11}，以便用这两位的 4 种不同取值来指定这 4 个 1024×8 位存储器当中的某一个。为此，还必须用一个 2—4 译码器，当 $A_{11} A_{10}$ 的 4 种状态译成 $Y_0 \sim Y_3$ 4 个输出信号，分别去控制 4 个 1024×8 位存储器的 CS 端，这样就得到了题目要求的 4096×8 位的存储器。其电路连接图如图 7.2.12 所示。

【例 7.3.3★】　NMOS 静态 RAM2114 的容量为 $1K \times 4$(即 1024×4 位)，逻辑框图如

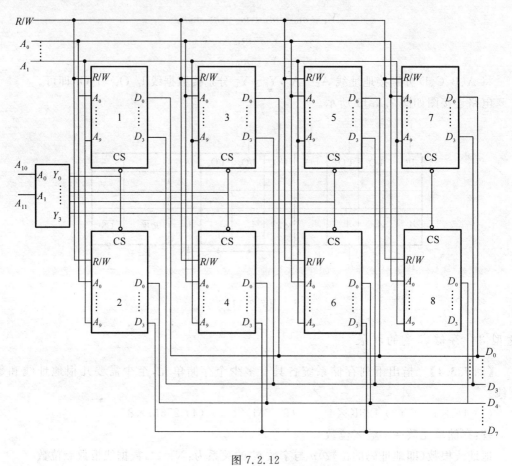

图 7.2.12

图7.2.13所示。其中$\overline{CS}$为片选输入端,低电平有效,$R/\overline{W}$为读/写控制端,当$R/\overline{W}=1$时,执行读操作,当$R/\overline{W}=0$时,执行写操作。试用 2114 组成 1024×8 位的 RAM。

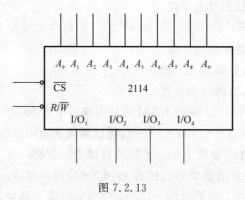

图 7.2.13

答: 当用位数较少的 RAM 芯片组成位数较多的存储器时,需要对 RAM 芯片进行位扩展连接,其连接方式为:选用若干片同样的 RAM 芯片,把这些芯片相应的地址输入端都分别连在一起,芯片的片选控制端和读/写控制端也都分别连在一起,数据线各自独立,每一根数据线代表 1 位。依据上述方法,用两片 2114 组成的 1024×8 位的存储器如图 7.2.14 所示。

【例 7.3.4】 试用 2114 组成 2048×4 位的 RAM。2114 的框图如图 7.2.14 所示。

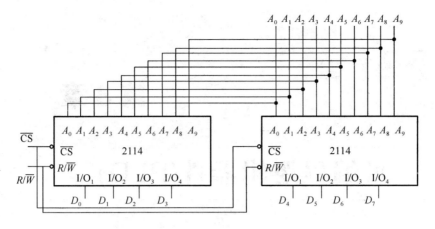

图 7.2.14

答:当用位数相同而字数较少的 RAM 芯片组成字数较大的存储器,需要对 RAM 进行字扩展连接,其连接方式是:选用若干片同样的 RAM 芯片,把各芯片的数据线都分别连在一起,作为数据输出端,把各芯片的读/写控制端也都分别连接在一起作为扩展后存储器的读/写控制端。根据扩展后的字数计算出所需地址线,并将地址线分为高位地址线和低位地址线,高位地址线通过译码电路产生片选信号,用来选通各芯片,而低位地址线作为各芯片的公用地址线。

本题要求用 2114RAM 芯片组成 2048×4 位的存储器,由于 2114 是 1024×4 位 RAM,故需要用 2 片 2114 进行字扩展组成 2048×4 位存储器。其连接方式是:把各片的 4 条 I/O 线分别连在一起作为数据输出端;把各片的 $R/\overline{W}$ 端连在一起作为读/写控制端。1024×4 位 RAM 芯片具有 10 根地址线,而 2048×4 位 RAM 应该有 11 根地址线,因此,可以把 2 片 RAM 相应的地址输入端分别连接在一起,构成 2048×4 位存储器的低 10 位地址线,高位地址线 A_{10} 经过反相器形成 $\overline{A_{10}}$,A_{10} 接到第一片 2114 的 $\overline{CS}$ 端,$\overline{A_{10}}$ 接到第二片 2114 的 $\overline{CS}$ 端。电路连接图如图 7.2.15 所示。

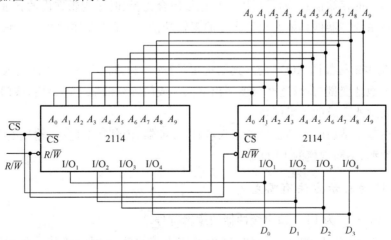

图 7.2.15

第8章

可编程逻辑器件(PLD)

【基本知识点】可编程逻辑器件的概念、表示方法、分类,可编程只读存储器 PROM 和 EPROM,可编程逻辑阵列 PLA。

【重点】可编程逻辑器件的表示方法,PROM 和 EPROM。

【难点】可编程逻辑器件的表示方法,可编程逻辑阵列 PLA。

8.1 答疑解惑

8.1.1 什么是 PLD?

可编程逻辑器件 PLD 是在 PROM 基础上发展起来的新型大规模集成电路芯片。它的功能不再是单一的存储信息,而是可以实现包括组合逻辑、时序逻辑在内的各种复杂逻辑功能的数字电路系统。器件具体实现什么样的逻辑功能,实现什么样的数字逻辑系统则由用户编程决定。

PLD 的基本结构如同 ROM 的阵列结构:与门阵列和或门阵列。外部输入变量从与门阵列输入产生地址变量与项,这些与项输出又成为或门阵列的输入。最后,或门阵列的输出就是用与或表达式形成的逻辑函数。

若在上述基本结构的基础上增加输入/输出缓冲器、内部反馈电路、输出宏单元电路,就可构成不同类型、不同规模的 PLD 器件。

8.1.2 PLD 的表示方法有哪些?

图 8.1.1(a)所示为 PLC 输出缓冲器的逻辑符号。

图 8.1.1(b)为 PLD 的连接方法,图中的实点连接表示固定连接。可编程的连接用"×"符号加在交叉点上表示,无"×"则表示两现不连接。

图 8.1.2(a)、(b)分别为"与"门和"或"门的 PLD 表示逻辑符号。

图 8.1.1

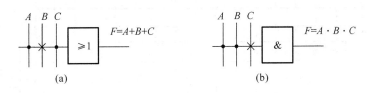

图 8.1.2

8.1.3　PLD 分类有哪些?

PLD 从功能上有分为通用型、专用型两大类。根据与或阵固定与可编程的不同组合主要分成三种 PLD。

（1）PROM(可编程只读存储器)

PROM 的与门阵列是全译码的固定连接,而或门阵列是可编程的连接。

（2）PAL(可编程阵列逻辑器件)

PAL 的与阵可编,或阵固定。编程简单。

（3）PLA(可编程逻辑阵列器件)

PLA 与 PROM 相似,为节省逻辑,将 PROM 中全译码器用可编程与阵代替。与阵不提供全译码,只提供输入变量有限译码,即只能产生有限最小项,但逻辑所需最小项可在与阵可编程选择产生。或阵可编程求和。

8.1.4　什么是可编程只读存储器 PROM 和 EPROM?

可编程只读存储器除了可作为存储器使用外,它还可以用作可编程逻辑器件。PROM 是由固定的硬线连接的与阵列和可编程的或阵列组成。一个有 16 字×4 位＝64 个可编程存储单元(编程点)的 PROM 如图 8.1.3 所示。

图中的与阵列就是作为只读存储器试用时的地址译码器,当输入逻辑变量为 A、B、C、D 时,共有 $2^4 = 16$ 种可能的输入组合,即是 4 个输入变量的全部最小项,所以与阵列的输出为 16 个。可编程的或阵列有 4 个输出端 $O_0 \sim O_3$,共有 64 个编程点(可编程存储单元)。

EPROM 与 PROM 的主要区别在于存储单元种采用了结构特殊的器件 FAMOS(浮栅雪崩注入 MOS 管)或 SIMOS(叠栅注入 MOS 管),在高负压和紫外线或 X 射线的作用下,可以对存储单元写入或擦除所存的信息。

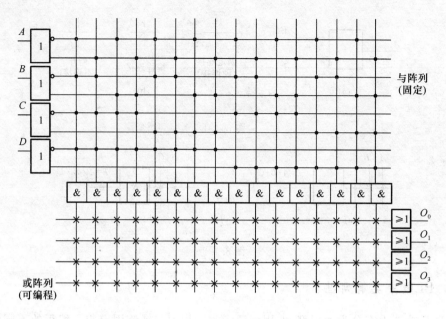

图 8.1.3

8.1.5 什么是可编程逻辑阵列 PLA？

在 ROM 的逻辑阵列中,地址译码器对应的与阵列是不可编程的。若有 n 位地址输入,则其输出即是这 n 个地址变量对应的 2^n 个最小项,相当于可控制 2^n 条字线。若从每条位线上单独输出,即可实现 n 个变量的逻辑函数,且每个函数均以最小项之和的形式给出,但若这输出函数取用的最小项较小,则 ROM 译码矩阵的利用率往往很低。倘若把地址译码器改为部分译码,即按函数化简后所包含的与项来设置译码器,那么译码矩阵将能大大压缩,这对于提高器件的利用率,节省硅片的面积非常有利。这种译码矩阵和存储矩阵均可编程的电路称为可编程逻辑阵列,简称 PLA。图 8.1.4 是 PLA 的基本结构。

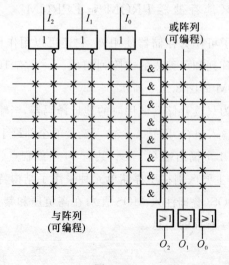

图 8.1.4

从图中可知,PLA 不仅包含了可编程的或阵列,还包含了可编程的与阵列,由于其与阵列也可编程,故可以实现小于 2^n 个乘积项在与阵列中写入。

PLA 的编程方法有两种:一种是由制造厂商根据拥护提供的信息在工厂进行编程,一种是由用户自行编程,故又称为现场可编程逻辑阵列 FPLA。

PLA 的类型又组合型和时序型两种,组合型 PLA 的结构与 ROM 相似,但 PLA 的与阵列是可编程阵列,与阵列不是全译码,乘积项可以连接到一个或门或所有或门上,并不需要对所有可能状态译码。因此,在实现组合逻辑功能方面,PLA 相对于 ROM 来讲,提供了更灵活和更有效的设计。

在组合型 PLA 的基础上,在其输出端加上一组触发器,并将触发器的输出接到与阵列上,这样就构成了时序型 PLA。输出信号可以从或阵列取出。时序型 PLA 的设计方法与时序逻辑的设计方法大体相同,主要是根据逻辑功能,求出触发器的驱动方程,然后再根据驱动方程对与阵列和或阵列进行编程。

8.2 典型题解

题型 1 可编程逻辑器件的基本特性

【例 8.1.1】 简述 PLD 器件的基本结构。

答:在数字系统设计时,当输入信号中既有原变量又有反变量时,任何数字逻辑都能用与——或逻辑函数来描述,即可用与门和或门来实现。这样就有了早期的 PLD 器件,其结构如图 8.2.1 所示。很多的新型器件也是据此发展起来的。

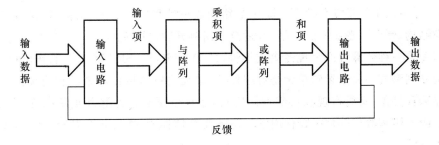

图 8.2.1

与阵列和或阵列的输入端与前级输出的交叉点是逻辑开关单元,这些逻辑开关单元的导通与断开可用编程的方法控制。输入信号经输入电路变成一组互补信号被有选择地接到与阵列的输入端,与阵列的输出端得到一组乘积(与)项。这些乘积项作为或阵列的输入信号,有选择地被接到或阵列中相应或门的输入端,或阵列的输出端得到一组和项(与一或函数)。这些和项经输出电路送到 PLD 芯片的输出端。必要时,输出信号可反馈回输入端。通过对与阵列和或阵列的编程。可以实现不同的逻辑功能。

可编程逻辑器件(Programmable Logic Devices,PLD)是 ASIC 产品中的一个重要分

支。用户通过编程,可定义其逻辑功能,进而实现各种设计要求的集成电路芯片,同时 PLD 具有很高的速度和可靠性。近年来高密度、大规模可编程逻辑器件发展迅速,已获得广泛应用。

可编程逻辑器件(PLD)按照结构的复杂程度及原理不同大致分为如下 3 类:

(1) 简单可编程逻辑器件(SPLD)。

(2) 复杂可编程逻辑器件(CPLD)。

(3) 现场可编程门阵列(FPGA)。

简单可编程逻辑器件(SPLD)由与阵列和或阵列组成,能够有效地实现布尔逻辑函数的"积之和"形式。我们将要分析其不同的型式——PROM、PLA、PAL、GAL 和 SPLD 规模较小,通常只有数百门,难以实现复杂的逻辑功能。

复杂可编程逻辑器件(CPLD)是为了增加 SPLD 的密度,扩充其功能而发展起来的。一般具有可重复编程特性,实现工艺有 EPROM 技术、闪速 EPROM 和 E²PROM 技术。用固定长度的金属线实现逻辑单元间的互连,保证了 CPLD 的高速性能。复杂可编程逻辑器件(CPLD)的集成度可达数万门,可以实现较大规模的电路集成。

现场可编程门阵列(Field Programmable Gate Array,FPGA)是与传统 PLD 不同的一类可编程器件,由逻辑功能块排列阵列组成,并由可编程的互连资源连接这些逻辑功能块实现所需的设计。FPGA 可以实现较大规模的电路集成,功能更强,设计的灵活性更大。

PLA 和 PAL 是较早应用的两种 PLD。PLA 的与阵列和或阵列均可编程,PAL 的与阵列可编程,或阵列固定。这两种器件多采用双极型、熔丝工艺或 UVCMOS 工艺制作,采用熔丝工艺的器件不能改写,采用 UVCMOS 工艺的擦除和改写也不甚方便。经常用在一些定型产品中。

GAL 是在 PAL 的基础上发展起来的新型器件,是 PAL 的替代产品。采用 E²CMOS 工艺生产,可用电信号擦除和改写。输出电路做成可编程的 OLMC 结构,能设置成不同的输出电路结构,增强了逻辑上的灵活性,适合于研制开发阶段使用。

FPGA 是一种可编程的大规模集成器件,采用 CMOS—SRAM 工艺制作,电路结构为逻辑单元阵列型式。每个逻辑单元是可编程的,单元之间可以灵活地互相连接。它既有门阵列的结构和性能,又具有现场可编程的特点,还可以反复地擦除和重新编程,适于 ASIC 的研制。由于编程数据存放在器件内部静态随机存储器中,所以每次开始工作时需要重新装载编程数据。

各种 PLD 的编程工作都需要在开发系统的支持下进行。选择 PLD 的具体型号时必须考虑选择合适的开发系统。

【例 8.1.2★】 试分析图 8.2.2 中由 PAL16L8 构成的逻辑电路,写出 Y_1、Y_2、Y_3 与 A、B、C、D、E 之间的逻辑关系式。

答: 由图可知

$$Y_1 = 18 = \overline{\overline{A}\,\overline{B} + \overline{A}\,\overline{C} + \overline{A}\,\overline{E} + \overline{B}\,\overline{C} + \overline{B}\,\overline{D} + \overline{B}\,\overline{E} + \overline{C}\,\overline{D} + \overline{C}\,\overline{E} + \overline{D}\,\overline{E}}$$

$$Y_2 = 19 = \overline{16} = ABCD + ACDE + ABCE + ABDE + BCDE$$

$$Y_3 = 12 = \overline{15} = ABCDE$$

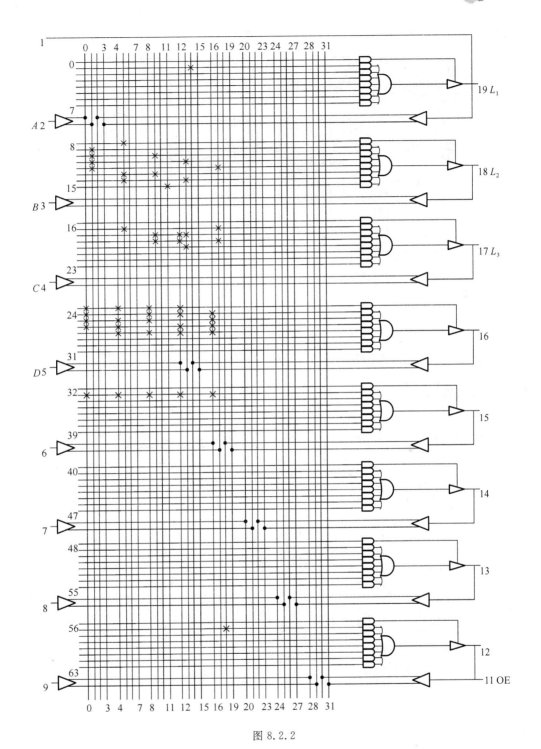

图 8.2.2

【例 8.1.3★】 试分析图 8.2.3 给出的用 PAL16R4 构成的时序逻辑电路,写出电路的驱动方程、状态方程和输出方程,画出电路的状态转换图。(工作时,11 脚接低电平)

答:由图可得到以下三组方程:

输出方程:

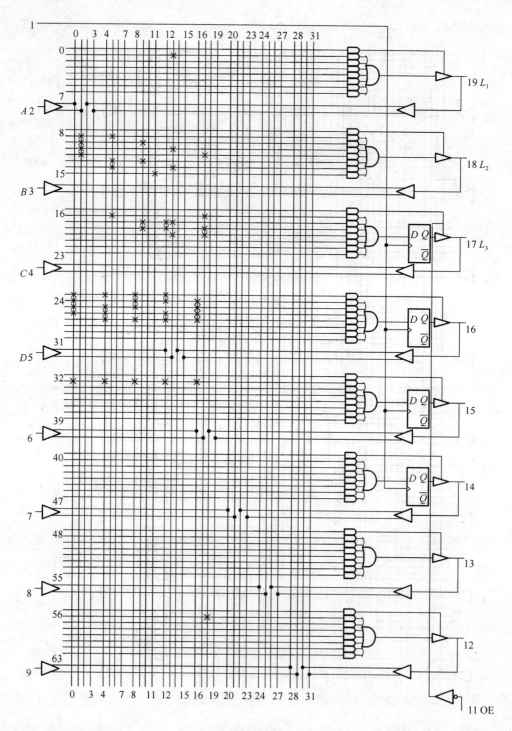

图 8.2.3

$$Y = \overline{\overline{Q_0}\ \overline{Q_1}\ \overline{Q_2}\ \overline{Q_3}}$$

驱动方程：

$$D_0 = \overline{Q_1}Q_3 + Q_2Q_3$$

$$D_1 = Q_0$$
$$D_2 = Q_1$$
$$D_3 = Q_2$$

状态方程:

$$Q_0^{n+1} = \overline{Q_1}Q_3 + Q_2 Q_3$$
$$Q_1^{n+1} = Q_0$$
$$Q_2^{n+1} = Q_1$$
$$Q_3^{n+1} = Q_2$$

根据状态方程,得状态转换图如图 8.2.4 所示。

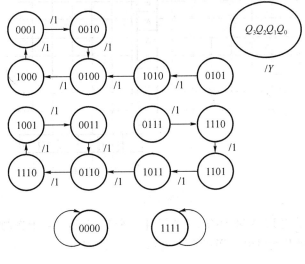

图 8.2.4

题型 2 PLD 的分类

【例 8.2.1】 试用 PLA 设计一个电路。该电路有 3 个输入端,6 个输出端。要求输出的二进制数等于输入的二进制数的平方。

答:(1) 根据题意,设 3 个输入分别为 A、B、C,6 个输出分别为 $O_0 \sim O_5$。列出真值表如表 8.2.1 所示。

表 8.2.1

A	B	C	O_5	O_4	O_3	O_2	O_1	O_0
0	0	0	0	0	0	0	0	0
0	0	1	0	0	0	0	0	1
0	1	0	0	0	0	1	0	0
0	1	1	0	0	1	0	0	1
1	0	0	0	1	0	0	0	0
1	0	1	0	1	1	0	0	1
1	1	0	1	0	0	1	0	0
1	1	1	1	1	0	0	0	1

（2）由真值表得到输入输出逻辑表达式，并化简可得

$$O_5 = AB \qquad\qquad O_4 = A\overline{B} + AC$$

$$O_3 = \overline{A}BC + A\overline{B}\,\overline{C} \qquad\qquad O_2 = B\overline{C}$$

$$O_1 = 0 \qquad\qquad O_0 = C$$

（3）根据上式，可画出实现该逻辑函数的 PLA 阵列图如图 8.2.5 所示。

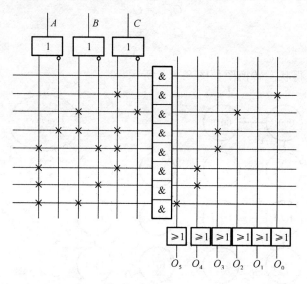

图 8.2.5

【例 8.2.2★】　试用 PLA 和 JK 触发器设计一个 5421 码二—十进制计数器及七段译码器显示电路。5421 码及七段显示译码真值表如表 8.2.2 所示。

表 8.2.2

A_3	A_2	A_1	A_0	Y_a	Y_b	Y_c	Y_d	Y_e	Y_f	Y_g
0	0	0	0	0	0	0	0	0	0	1
0	0	0	1	1	0	0	1	1	1	1
0	0	1	0	0	0	0	1	0	0	1	0
0	0	1	1	0	0	0	0	1	1	0
0	1	0	0	1	0	0	1	1	0	0
1	0	0	0	0	1	0	0	0	0	0
1	0	0	1	0	1	0	0	0	0	0
1	0	1	0	0	0	0	1	1	1	1
1	0	1	1	0	0	0	0	0	0	0
1	1	0	0	0	0	0	0	0	0	0

答：本题实际是一个时序电路和一个组合电路设计得组合。5421BCD 计数器得设计属于时序电路，列出其状态转换表，得出次态方程及驱动方程，由此可得 JK 触发器构成得逻辑图。时序电路各触发器得 Q 端作为七段译码器得控制信号，可得 $a{\sim}g$ 得表达式，同时得到各触发器驱动方程得表达式，PLA 的作用就是实现这二组组合逻辑函数。

依据题意,列出 5421BCD 码计数器的状态转换表如表 8.2.3 所示。

表 8.2.3

$Q_3(A_3)$	$Q_2(A_2)$	$Q_1(A_1)$	$Q_0(A_0)$	Q_3^{n+1}	Q_2^{n+1}	Q_1^{n+1}	Q_0^{n+1}	C(进位)
0	0	0	0	0	0	0	1	0
0	0	0	1	0	0	1	0	0
0	0	1	0	0	0	1	1	0
0	0	1	1	0	1	0	0	0
0	1	0	0	1	0	0	1	0
1	0	0	0	1	0	0	1	0
1	0	0	1	1	0	1	0	0
1	0	1	0	1	0	1	1	0
1	0	1	1	1	1	0	0	0
1	1	0	0	0	0	0	0	1

由表 8.2.2 和表 8.2.3 可推得七段译码显示器的输入控制函数和触发器的次态方程分别为

$$Y_a = \overline{Q_3}Q_2 + \overline{Q_3}\,\overline{Q_1}Q_0$$

$$Y_b = Q_3\,\overline{Q_2}\,\overline{Q_1}$$

$$Y_c = \overline{Q_3}Q_1\overline{Q_0}$$

$$Y_d = \overline{Q_3}Q_2 + \overline{Q_3}\,\overline{Q_1}Q_0 + Q_3Q_1\overline{Q_0}$$

$$Y_e = Q_2 + \overline{Q_3}Q_0 + Q_3\overline{Q_0}$$

$$Y_f = Q_1\overline{Q_0}$$

$$Y_g = \overline{Q_3}\,\overline{Q_2}\,\overline{Q_1} + Q_3Q_1\overline{Q_0}$$

$$Q_3^{n+1} = \overline{Q_3}Q_2 + Q_3\overline{Q_2}$$

$$Q_2^{n+1} = \overline{Q_2}Q_1Q_0 + Q_2Q_1Q_0$$

$$Q_1^{n+1} = \overline{Q_1}Q_0 + Q_1\overline{Q_0}$$

与 JK 触发器的特征方程 $Q^{n+1} = J\overline{Q^n} + \overline{K}Q^n$ 对照,可得 JK 触发器的驱动方程为

$$J_3 = K_3 = Q_2$$

$$J_2 = Q_1Q_0, K_2 = \overline{Q_1} + \overline{Q_0}$$

$$J_1 = K_1 = Q_0$$

$$J_0 = \overline{Q_2}, K_0 = 1$$

画出电路图如图 8.2.6 所示。

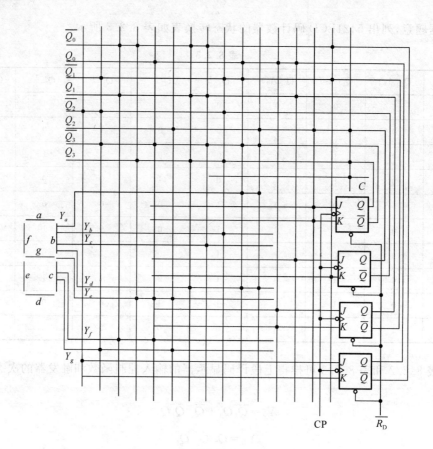

图 8.2.6

【例 8.2.3】 在图 8.2.7 所示电路中，M 为功能控制端，试分析电路逻辑功能并用 PLA 与 D 触发器实现。

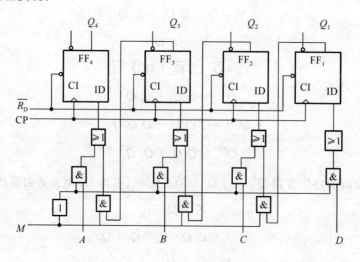

图 8.2.7

答：首先写出各 D 触发器驱动方程：

$$D_1 = D\overline{M}$$

$$D_2 = C\overline{M} + MQ_1$$

$$D_3 = B\overline{M} + MQ_2$$

$$D_4 = A\overline{M} + MQ_0$$

$M=1$ 时,$D_1=0$,$D_2=Q_1$,$D_3=Q_2$,$D_4=Q_3$,在 CP 的作用下可实现左移。

因为 PLA 是由与阵列和或阵列组成,设计时,只要把 M、A、B、C、D 及 Q_3、Q_2、Q_1 作为与阵列输入,而或阵列 O_4、O_3、O_2、O_1 输出作为 O_4、O_3、O_2、O_1 输入即可。画出 PLA 阵列图如图 8.2.8 所示。

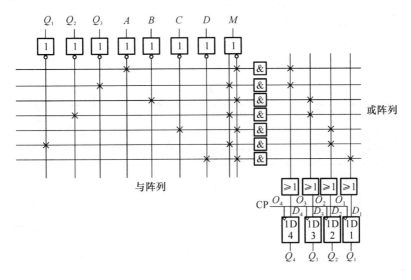

图 8.2.8

【例 8.2.4★】图 8.2.9 是用 PROM 构成的阶梯波信号发生器,输出电压 u_O 的波形由 PROM 存储的内容决定。今需产生如图 8.2.10 所示阶梯波信号,试列出 PROM 的编码表并画出 PROM 的编程阵列图。说明:图中电子开关由 PROM 位线电平控制,当 $D=1$ 时,开关接基准电压 $-U_R$;当 $D=0$ 时,开关接地。

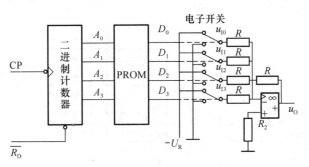

图 8.2.9

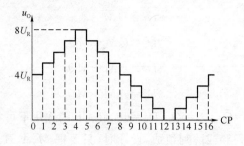

图 8.2.10

答：首先根据反相加法运算的关系式，可得出阶梯波电压 u_O 的关系式为

$$u_O = -\left(\frac{R}{R/8}u_{I3} + \frac{R}{R/4}u_{I2} + \frac{R}{R/2}u_{I1} + \frac{R}{R}u_{I0}\right) = -(8u_{I3} + 4u_{I2} + 2u_{I1} + u_{I0})$$

$$= (8D_3 + 4D_2 + 2D_1 + D_0)U_R$$

由电压 u_O 的关系式及其波形可列出 PROM 的编程表如表 8.2.4 所示。

表 8.2.4

CP	A_3	A_2	A_1	A_0	D_3	D_2	D_1	D_0	u_O
0	0	0	0	0	0	1	0	0	$4U_R$
1	0	0	0	1	0	1	0	1	$5U_R$
2	0	0	1	0	0	1	1	0	$6U_R$
3	0	0	1	1	0	1	1	1	$7U_R$
4	0	1	0	0	1	0	0	0	$8U_R$
5	0	1	0	1	0	1	1	1	$7U_R$
6	0	1	1	0	0	1	1	0	$6U_R$
7	0	1	1	1	0	1	0	1	$5U_R$
8	1	0	0	0	0	1	0	0	$4U_R$
9	1	0	0	1	0	0	1	1	$3U_R$
10	1	0	1	0	0	0	1	0	$2U_R$
11	1	0	1	1	0	0	0	1	U_R
12	1	1	0	0	0	0	0	0	0
13	1	1	0	1	0	0	0	1	U_R
14	1	1	1	0	0	0	1	0	$2U_R$
15	1	1	1	1	0	0	1	1	$3U_R$

由 PROM 编程表即可画出 PROM 的编程阵列图如图 8.2.11 所示。

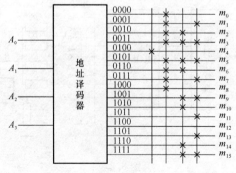

图 8.2.11

第9章

数模和模数转换

【基本知识点】D/A、A/D 转换器的基本原理、主要参数,常用的 D/A、A/D 转换器,A/D、D/A 转换的过程。

【重点】D/A、A/D 转换器的基本原理,A/D、D/A 转换的过程。

【难点】各种转换器的组成。

9.1 答疑解惑

9.1.1　D/A 转换器的基本原理是什么?

D/A 转换器是可以把二进制数 N 转换成为与它成比例的电压量(或电流量)的电路。

D/A 转换器由转换网络、模拟开关和加法器等三部分组成,转换网络一般采用电阻网络实现。模拟开关受二进制数寄存器中对应代码控制,当代码为 1 时,对应的模拟开关与基准电压 U_{REF} 接通或接运放的输入端;当代码为 0 时,对应的模拟开关接地。加法器由运算放大器组成,它将最后完成电流求和或电压电流转换,使输出量与输入的数字量成正比,完成数－模转换。

9.1.2　常用的 D/A 转换器有哪几种?

1. 权电阻 D/A 转换器

权电阻 D/A 转换器电路结构如图 9.1.1 所示。它由权电阻网络、模拟开关和放大器等 3 部分组成,其中 A 为理想放大器。

权电阻网络由一组电阻组成,其中每个权电阻的阻值与该电阻所对应的位权成反比。其中若 2^0 位对应的权电阻阻值为 R,则 2^1 位对应的权电阻阻值为 $R/2$,2^2 位对应的权电阻阻值为 $R/4$,依次类推。这样,流过每个接到基准电源 V_{REF} 上电阻的电流就和对应位的权值成正比。

则由图 9.1.1 可知,权电流:$I_i = \dfrac{V_{REF}}{R_i}$,即

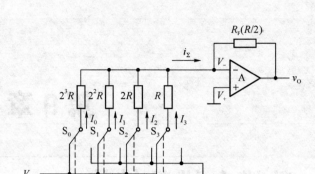

图 9.1.1

$$I_0 = \frac{V_{REF}}{2^3 R}, \quad I_1 = \frac{V_{REF}}{2^2 R}, \quad I_2 = \frac{V_{REF}}{2R}, \quad I_3 = \frac{V_{REF}}{2^0 R}$$

图中 $S_0 \sim S_3$ 受数字 $d_0 \sim d_3$ 控制，当 $d_i = 0$ 时，$I_i = 0$；当 $d_i = 1$ 时，$I_i = $ 流向 $\sum$ 点。

对于 n 位权电阻网络 D/A 转换器，输入的二进制数与输出电压之间的对应关系为

$$u_o = -(a_{n-1} \times 2^{n-1} + a_{n-2} \times 2^{n-2} + \ldots + a_1 \times 2^1 + a_0 \times 2^0) R_i V_{REF}/R$$

权电阻网络 D/A 转换器的优点是结构简单，所用元器件数比较少。但当二进制数位数较多时，权电阻的种类多，阻值分散性大。由于权电阻阻值离散性大，所以其转换精度低。

2. 倒梯形 D/A 转换器

4 位二进制数的倒梯形电阻网络 D/A 转换器如图 9.1.2 所示。该电路由二进制数的倒梯形电阻网络、模拟开关和一个加法器组成。模拟开关受二进制数控制。当数字代码为 1 时，其相应的模拟开关接虚地；当数字为 0 时，相应的模拟开关把电阻接地，所以不管数字代码是 0 或是 1，流过倒梯形电阻网络各支路的电流始终不变。

对于 n 位二进制数倒梯形 D/A 转换器来说，输出电压为

$$u_o = -(a_{n-1} \times 2^{n-1} + a_{n-2} \times 2^{n-2} + \ldots + a_1 \times 2^1 + a_0 \times 2^0) V_{REF}/2^n$$

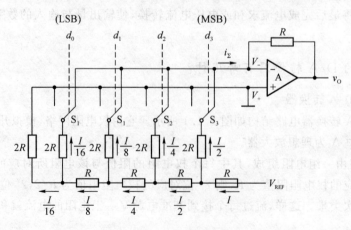

图 9.1.2

9.1.3 D/A 转换器的主要技术参数有哪些？

1. 分辨率

DAC 的分辨率是说明 DAC 输出最小电压的能力。它是指最小输出电压（对应的输入数字量的最低位为 1）与最大输出电压（对应的输入数字量各有效位全为 1）之比。分辨率＝$1/(2^n-1)$，式中 n 表示输入数字量的位数。可见，2^n 越大，分辨最小输出电压的能力也越强。例如，$n=8$，DAC 的分辨率为 $1/(2^8-1)=0.0039$。

2. 转换精度

转换精度是指 DAC 实际输出模拟电压值与理论输出模拟电压值之差。显然，这个差值越小，电路的转换精度越高。

D/A 转换器中各元件参数值存在误差，基准电压不够稳定和运算放大器的零漂等各种因素的影响，使得 D/A 转换器实际精度还与一些转换误差有关。如比例系数误差、失调误差和非线性误差等。

比例系数误差是指实际转换特性曲线的斜率与理想特性曲线斜率的偏差。如在 n 位 T 形电阻网络 D/A 转换器中，当 V_{DFF} 偏离标准值 ΔV_{REF} 时，就会在输出端产生误差电压 ΔV_o，则

$$\Delta V_o = \frac{\Delta V_{REF}}{2^n} \cdot \frac{R_f}{R} \sum_{i=0}^{n-1} D_i \cdot 2^i$$

由 ΔV_{REF} 引起的误差属于比例系数误差。

3. 建立时间（转换速度）

建立时间是指 DAC 从输入数字信号开始到输出模拟电压或电流达到稳定值时所用的时间。

9.1.4 A/D 转换器的基本原理是什么？

A/D 模/数转换与数/模转换恰好相反，是把模拟电压或电流转换成与之成正比的数字量。由于模拟信号在时间上和幅度上是连续的，而数字信号在时间上和幅度上是离散的，所以进行模/数转换时，先要按一定的时间间隔对模拟信号采样，使它变成在时间上离散的信号。然后将采样值保持一段时间，在这段时间内，对采样值进行幅度的量化，最后通过编码把量化后的幅度取值转换成数字量输出。经采样、保持、量化和编码 4 个步骤后，得到了时间和幅度都是离散的数字信号。但是，这 4 个步骤并不是由 4 个电路来完成的：采样和保持由采样保持电路完成；量化和编码常常在模/数转换过程中同时完成。此外，所用的时间又是保持时间的一部分。

9.1.5 如何进行 A/D 转换？

A/D 转换要经采样、保持和量化、编码两步实现。采样、保持由采样保持电路完成；量化、编码由 ADC 完成。

采样是将时间上连续变化的模拟量转换为时间上离散的模拟量，即把一个时间上连续变化的模拟量转换为一个脉冲串，脉冲的幅度取决于输入模拟量的幅值。

保持是将取样得到的模拟量值（取样控制脉冲存在的最后瞬间的取样值）保持下来,以便后续的量化和编码。

取样—保持电路一般由保持电容器、输入/输出缓冲放大器、模拟开关及驱动电路组成。

为了能正确无误地用取样信号表示输入的模拟信号,取样信号必须有足够的频率,即满足取样定理的要求。设 f_s 为取样频率,f_{imax} 为输入模拟信号的最高频率分量的频率,则取样定理由下式表示:

$$f_s \geqslant 2f_{imax}$$

9.1.6 常用的 A/D 转换器有哪几种?

1. 并行比较 A/D 转换器

在所有的 A/D 转换器中,并行比较型 A/D 转换器的转换速度最快,所以它是高速 A/D 转换器。

单极性 3 位二进制并行比较型 A/D 转换器的原理图如图 9.1.3 所示。电路由分压、比较和编码三部分组成。

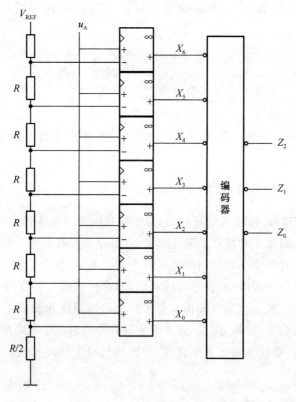

图 9.1.3

并行比较型 A/D 转换器的转换时间只取决于比较器的响应时间和编码器的延迟,典型值为 100 ns 甚至更小,因此属于高速 A/D 转换器。然而,这种 A/D 转换器的缺点时分辨率低,因此,并行比较型 A/D 转换器一般用在转换速度快而精度要求不高的场合。

2. 逐次逼近 A/D 转换器

逐次逼近型 A/D 转换器的框图如图 9.1.4 所示,它由数码寄存器、D/A 转换器、电压比较器、顺序脉冲分配器以及相应的控制电路组成。

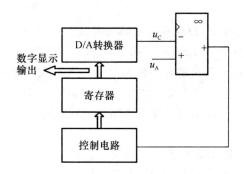

图 9.1.4

此种 A/D 转换器的比较是逐位进行的,首先从最高位(MSB)进行比较,用比较结果来确定该位是 1 还是 0,已知比较到最低位(LSB)。如果转换输出为 n 位数字量,进行一次转换至少要经过 $(n+2)$ 个 CP 周期才能完成,位数越多转换的时间越长。其转换速度比并行比较型 A/D 转换器低,属中速型 A/D 转换器。

3. 双积分型 A/D 转换器

双积分型 A/D 转换器是一种电压—时间型 A/D 转换器,它一般由积分器、比较器、计数器和控制逻辑等组成。双积分 A/D 转换器每一次转换都要进行两次积分,对输入电压的积分和对基准参考电压的积分。其电路框图如图 9.1.5 所示。

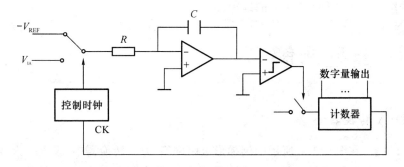

图 9.1.5

具体工作过程如下:

(1) 将计数器清 0,并把电容中剩余的电荷放干净。

(2) 将积分器的输入端与输入信号 V_i 相连,在时间 T_1 内进行定时反向积分。积分结束时积分器输出电压 $V_o = \dfrac{1}{C}\int_0^{T_1} -\dfrac{V_i}{R}dt = -\dfrac{T_1}{RC}V_i = s$。可见积分器的输出电压与输入电压成正比。

(3) 将积分器输入端与参考电压 V_{REF} 相连,进行正向积分,经过时间 T_2 后积分器输出为 0。

9.1.7 A/D 转换器的主要技术参数有哪些?

描述 ADC 的技术指标主要有分辨率、转换速度和转换误差。

1. 分辨率

n 位 ADC 的分辨率是指 A/D 转换器对输入模拟信号的分辨能力。常以输出二进制码的位数来表示。分辨率为 $(1/2^n)$FSR,式中 FSR 是输入的满量程模拟电压。所以,A/D 转换器的分辨率是指 ADC 可以分辨的最小模拟电压。例如,输入的模拟电压满量程为 10 V,8 位 ADC 可以分辨的最小模拟电压是 $10/2^n = 37.06$ mV,而 10 位 ADC 可以分辨的最小模拟电压是 $10/2^n = 9.76$ mV。可见同量程下 ADC 的位数越多,它的分辨率就越高。

2. 转换速度

转换速度是指完成一次 A/D 转换所需的时间。转换时间是从接到模拟信号开始,到输出端得到稳定的数字信号所经历的时间,转换时间越短,说明转换速度越高。双积分型 ADC 的转换速度最慢需几百毫秒左右;逐次逼近型 ADC 的转换速度较快,需几十微秒;并联型 ADC 的转换速度最快,仅需几十纳秒。

3. 转换误差

在理想情况下,所有的转换点应在一条直线上。相对精度是指实际的各个转换点偏离理想特性的误差,一般用最低有效位来表示。例如给出相对误差 $\leqslant \pm$LSB/2,这就表明实际输出的数字量和理论上应得到的输出数字量之间的误差小于最低位的半个字。

此外,还有一些参数,如:输入模拟电压范围、输入电阻、输出数字信号的逻辑电平、带负载能力、温度系数、电源抑制及电源功率消耗等。

在实际应用中,应从系统数据总线的位数、精度要求、输入模拟信号的范围及输入信号极性等方面综合考虑 ADC 转换器的选用。

9.2 典型题解

题型 1 D/A 转换器

【例 9.1.1】 在图 9.1.2 所示的倒梯形电阻网络 D/A 转换器中,设 $R_f = R$,外接参考电压 $V_{REF} = -10$ V,为保证 V_{REF} 偏离标准值所引起的误差小于 LSB/2,试计算 V_{REF} 的相对稳定度应取为多少?

答: 设 V_{REF} 偏离校准值产生的变化量为 ΔV_{REF},由 ΔV_{REF} 引起的输出电压的变化量为 ΔV_o。则有

$$\Delta V_o = -\frac{\Delta V_{REF}}{2^4} \sum_{i=0}^{3} 2^i D$$

当输入数字量为最大值($D_3 D_2 D_1 D_0 = 1111$)时

$$|\Delta V_o| = \frac{2^4 - 1}{2^4} |\Delta V_{REF}|$$

依题意,ΔV_o 必须小于 LSB/2,而 $\dfrac{\text{LSB}}{2} = \dfrac{|V_{REF}|}{2^5}$,于是可推得

$$\frac{2^4-1}{2^4}|\Delta V_{\text{REF}}| \leqslant \frac{|V_{\text{REF}}|}{2^5}$$

所以参考电压 V_{REF} 的相对稳定度为 $\dfrac{|\Delta V_{\text{REF}}|}{|V_{\text{REF}}|} \leqslant \dfrac{2^4-1}{2^4}\dfrac{1}{2^5} \approx 3.13\%$。

【**例 9.1.2**】　图 9.2.1 所示电路是用 CB7520 组成的双极型输出 D/A 转换器。为了得到 ± 5 V 范围的输出模拟电压,在选定 $R_{\text{B}} = 20$ kΩ 的条件下,V_{REF} 和 V_{B} 应取何值?

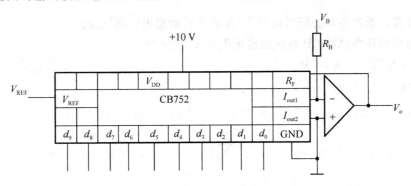

图 9.2.1

答:根据叠加原理,输出模拟电压为

$$V_{\text{o}} = -\frac{V_{\text{REF}}}{2^{10}}D_{10} - \frac{R_{\text{f}}}{R_{\text{B}}}V_{\text{B}} = -\frac{V_{\text{REF}}}{1\ 024}D_{10} - \frac{V_{\text{B}}}{2}$$

其中　　　　　　　　$D_{10} = 2^9 d_9 + 2^8 d_8 + \cdots + d_1 2^1 + d_0 2^0$

根据题意,有

$$V_{\text{omax}} = -\frac{V_{\text{REF}}}{1\ 024} \times (0000000000)_2 - \frac{V_{\text{B}}}{2} = +5$$

$$V_{\text{omin}} = -\frac{V_{\text{REF}}}{1\ 024} \times (1111111111)_2 - \frac{V_{\text{B}}}{2} = -5$$

解得

$$V_{\text{B}} = -10 \text{ V}$$

$$V_{\text{REF}} = \frac{10\ 240}{1\ 023} \text{ V} \approx 10 \text{ V}$$

【**例 9.1.3**】　梯形电阻网络 D/A 转换器如图 9.2.2 所示。设计数器的初态为 0,Q 端输出的高电平为 $+4$ V,低电平为 0 V,时序表如表 9.2.1 所示。

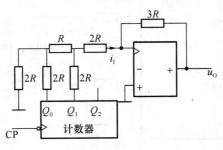

图 9.2.2

表 9.2.1

CP	Q_2	Q_1	Q_0	CP	Q_2	Q_1	Q_0
0	0	0	0	4	1	1	0
1	0	0	1	5	1	0	1
2	0	1	0	6	1	0	0
3	0	1	1				

(1) 计算计数器各状态所对应的 D/A 转换器的输出电压 u_o 值。

(2) 画出与计数脉冲 CP 对应的输出电压 u_o 的波形。

答：(1) 根据时序表，可知

当 $Q_1Q_0 = 00$ 时，$u_o = 0$ V；

当 $Q_1Q_0 = 01$ 时，$u_o = -\dfrac{U_{REF}}{2^n}\sum D_i 2^i = -\dfrac{4}{2^2}(1 \times 2^0) = -1$ V；

同理，当 $Q_1Q_0 = 10$ 时，$u_o = -\dfrac{U_{REF}}{2^n}\sum D_i 2^i = -\dfrac{4}{2^2}(1 \times 2^1) = -2$ V；

当 $Q_1Q_0 = 11$ 时，$u_o = -\dfrac{U_{REF}}{2^n}\sum D_i 2^i = -\dfrac{4}{2^2}(1 \times 2^1 + 1 \times 2^0) = -3$ V.

(2) 画出输出电压波形图如图 9.2.3 所示。

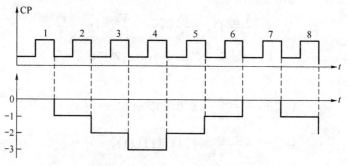

图 9.2.3

【例 9.1.4★】 试分析如图 9.2.4 所示由 AD7524 组成的 D/A 转换器电路，求出在输入数字量为 00H，80H，FFH 时输入与输出模拟电压之间的对应关系。

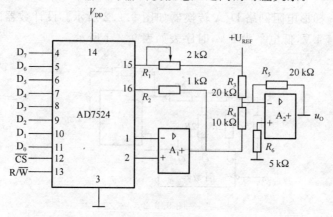

图 9.2.4

答:由图可见,此电路是由 AD7524 芯片及运算放大器 A_1 组成的基本 D/A 转换器,再经过运放放大器 A_2 组成的反相比例求和电路输出模拟电压。运算放大器 A_2 反相端有两路信号,一是基准电压 U_{REF},另一个是 D/A 转换器的输出电压 u_o,即

$$u_o = -\left(\frac{R_5}{R_4}U_{o1} + \frac{R_5}{R_3}U_{REF}\right)$$

由于 $U_{o1} = -\frac{U_{REF}}{2^8}\sum_{i=0}^{7}D_i \times 2^i$,因此运算放大器 A_2 的加入,实际上是基本 D/A 转换器输出电压偏移一个固定数值。调节 R_3 的值,可改变这一偏移量的大小,构成双极性输出方式。

根据题意,可得出 D/A 转换器输出模拟电压的表达式为

$$u_o = -(2U_{o1} + U_{REF})$$

若取 U_{REF} 为正,则当输入的数字量为 00H 时,$u_o = -U_{REF}$;

当输入数字量为 80H 时,$u_o = 0\,V$;

当输入数字量为 FFH 时,$u_o = \frac{255}{256}U_{REF}$。

【例 9.1.5★】 由集成 DAC5G7520 和集成运算放大器组成的 D/A 转换器电路如图 9.2.5 所示。已知 $R_F = R$,$U_{REF} = 10\,V$。试求:

(1) u_o 的输出范围;

(2) 当 $D_9D_8D_7D_6D_5D_4D_3D_2D_1D_0 = (1100000000)_B$ 时,u_o 的值是多少?

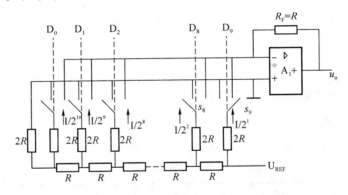

图 9.2.5

答:DAC5G7520 采用 $n=10$ 的倒 T 型电阻网络和 CMOS 开关组成,实现应用时需要外接运算放大器,而反馈电阻 R_F 已集成在 5G7520 片内,其基准电源需外接(10 V～+10 V),模拟开关的电压 V_{DD} 也需外接(+5 V～+15 V)。输出电流 i_o 经模拟开关流出到求和放大器的输入端。

(1) 由图可知,输出电流与各支路电流的关系为

$$i_o = \frac{I}{2}D_9 + \frac{I}{2^2}D_8 + \cdots + \frac{I}{2^9}D_1 + \frac{I}{2^{10}}D_0 = \frac{U_{REF}}{2^{10}R}\sum_{i=0}^{n-1}(2^iD_i)$$

因为 $i_o = -i_F$,所以输出电压 u_o 为

$$u_o = -i_oR_F = \left(-\frac{U_{REF}R_F}{2^{10}R}\right)D$$

又因为 $R_F = R$,所以

$$u_o = \left(-\frac{U_{REF}}{2^{10}}\right)D$$

根据题给条件 $U_{REF} = 10$ V，可以计算出输出 $u_o = (0 \text{ V} \sim -9.99 \text{ V})$

（2）当 $D = (110000000)_2$ 时，$u_o = \left(-\frac{10}{2^{10}}\right) \times 768 = -7.5$ V

【例 9.1.6】 图 9.2.6 给出的电路是由 D/A 转换器 CB7520 和运算放大器构成的增益可编程放大器，它的电压放大倍数 $A_u = \dfrac{V_o}{V_i}$ 由数字量 $D_{10}(d_9 \sim d_0)$ 来设定。试写出 A_u 的计算公式，并说明 A_u 的取值范围。

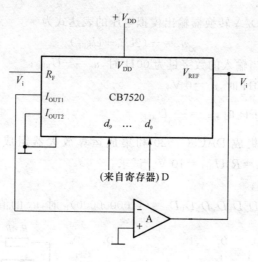

图 9.2.6

答：图 9.2.6 可等效如图 9.2.7 所示。

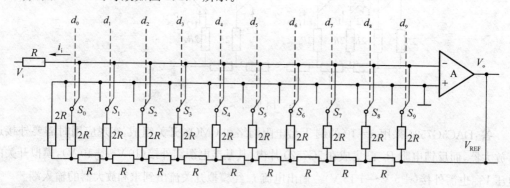

图 9.2.7

根据理想运放满足虚短和虚断，对反相输入亦满足虚地和虚断，则

$$i_i = \frac{1}{2^n} \cdot \frac{V_{REF}}{R}(d_{n-1}2^{n-1} + d_{n-2}2^{n-2} + \cdots + d_1 2^1 + d_0 2^0)$$

$$= \frac{1}{2^{10}} \cdot \frac{v_O}{R}(d_9 2^9 + d_8 2^8 + \cdots + d_1 2^1 + d_0 2^0)$$

$$A_u = \frac{V_o}{V_i} = \frac{V_o}{-i_i R} = -\frac{2^{10}}{d_9 2^9 + d_8 2^8 + \cdots + d_1 2^1 + d_0 2^0}$$

显然 $d_9 \cdots d_0$ 全为 0 时，$A_u = -\infty$；

$d_9 \cdots d_0$ 全为 1 时，$A_u = -\frac{1\,024}{1\,023}$；

所以，$-\infty \leqslant A_u \leqslant -\frac{1\,024}{1\,023}$。

题型 2　A/D 转换器

【例 9.2.1】　某双积分型 A/D 转换器中，计数器为十进制计数器，其最大计数容量为 5 000。已知计数时钟脉冲频率 $f_{CP} = 50$ kHz，积分器中 $R = 100$ kΩ，$C = 1$ μF，输入电压 V_i 的变化范围为 0～5 V，试求：

（1）第一次积分时间 T_1。

（2）求积分器的最大输出电压 $|V_{OMAX}|$。

（3）当 $V_{REF} = 10$ V，第二次积分计数器计数值 $N = 2\,000$ 时，输入电压的平均值为多少？

答：设 K_1 为第一次积分时计数器的计数值，则有

（1）$T_1 = K_1 \times T_{CP} = \dfrac{N_1}{f_{CP}} = \dfrac{5\,000}{50 \times 10^3} = 100$ ms

（2）$|V_{OMAX}| = \dfrac{1}{RC} \int_0^{T_1} V_{IMAX} \mathrm{d}t = \dfrac{V_{IMAX} T_1}{RC} = \dfrac{5 \times 0.1}{100 \times 10^3 \times 10^{-6}} = 5$ V

（3）因为计数值 $N = \dfrac{2^n}{V_{REF}} \times V_i$，所以有 $V_i = \dfrac{N}{2^n} \times V_{REF} = \dfrac{2\,000}{5\,000} \times 10 = 4$ V

【例 9.2.2★】　设量化单位 S = 1 V，若输入模拟信号 $u_i = 5.7$ V，试分析图 9.2.8 所示 3 位逐次逼近型 A/D 转换器的工作过程及输出结果。

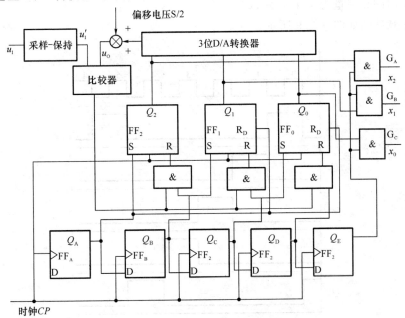

图 9.2.8

答：由图可见，该 A/D 转换器由比较器、D/A 转换器、节拍脉冲发生器以及数码寄存器等四部分组成。节拍脉冲发生器发出 5 个节拍脉冲，如图 9.2.9 所示，A/D 转换器的转换工作按此节拍进行。设节拍脉冲发生器的初始状态为 $Q_A Q_B Q_C Q_D Q_E = 10\,000$，A/D 转换器的工作过程如下：

当第 1 个 CP 脉冲到达时，FF_2 被置 1，FF_0 和 FF_1 被置 0，即 $Q_2 Q_1 Q_0 = 100$，于是 D/A 转换器的输出 $u_o = 4 - \dfrac{S}{2} = 3.5\ V$。由于 $u_i'(=5.7\ V) > u_o$，所以比较器的输出 $C_o = 0$。同时，移位寄存器右移 1 位，使 $Q_A Q_B Q_C Q_D Q_E = 01000$。

当第 2 个 CP 脉冲到达时，FF_1 被置 1，FF_0 被置 0，又因为 $C_o = 0$，故 FF_2 的状态保持不变，所以 $Q_2 Q_1 Q_0 = 110$，D/A 转换器的输出 $u_o = 6 - \dfrac{S}{2} = 5.5\ V$。由于 $u_i'(=5.7\ V) > u_o$，所以比较器的输出 $C_o = 0$。同时，移位寄存器右移 1 位，使 $Q_A Q_B Q_C Q_D Q_E = 00100$。

同理，当第 3 个 CP 脉冲到达时，FF_0 被置 1，又因为 $C_o = 0$，故 FF_1，FF_2 的状态保持不变，所以 $Q_2 Q_1 Q_0 = 111$，D/A 转换器的输出 $u_o = 7 - \dfrac{S}{2} = 6.5\ V$。由于 $u_i'(=5.7\ V) < u_o$，所以比较器的输出 $C_o = 1$。同时，移位寄存器右移 1 位，使 $Q_A Q_B Q_C Q_D Q_E = 00010$。

当第 4 个 CP 脉冲到达时，由于 $C_o = 1$，此时 FF_0，FF_1，FF_2 的状态就是转换的结果即 $Q_2 Q_1 Q_0 = 110$，同时，移位寄存器右移 1 位，使 $Q_A Q_B Q_C Q_D Q_E = 00001$。由于 $Q_E = 1$，使 FF_0，FF_1，FF_2 的状态（011）通过门 G_A、G_B、G_C 送到输出端。又由于 $Q_2 Q_1 Q_0 = 110$，所以 $u_o = 5.5\ V$。由于 $u_i'(=5.7\ V) > u_o$，所以比较器的输出 $C_o = 0$。

当第 5 个 CP 脉冲到达时，此时 FF_0，FF_1，FF_2 的状态仍保持不变，同时，移位寄存器又右移 1 位，$Q_A Q_B Q_C Q_D Q_E = 10\,000$，又返回到初态。由于 $Q_E = 0$，将门 G_A、G_B、G_C 封锁，转换输出信号 x_2、x_1、x_0 随之消失，完成一次转换。

最后输出的数字量为 $x_2 x_1 x_0 = 110$。

其工作脉冲图如图 9.2.9 所示。

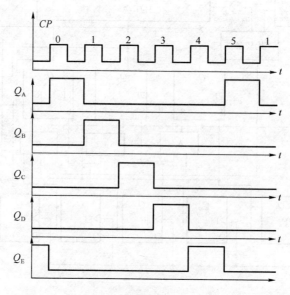

图 9.2.9

工作过程如表9.2.2所示。

表9.2.2

节拍次序	$Q_2 Q_1 Q_0$	u_0 值	$u_i' \geq u_0$	Q_0 状态	下一 $Q_2 Q_1 Q_0$ 状态
1	100	$4 - \dfrac{S}{2} = 3.5\,V$	$u_i' > u_0$	0	$Q_2 = 1$
2	110	$6 - \dfrac{S}{2} = 5.5\,V$	$u_i' > u_0$	0	$Q_1 = 1$
3	111	$7 - \dfrac{S}{2} = 6.5\,V$	$u_i' < u_0$	1	$Q_0 = 0$
4	110	$5.5\,V$	$u_i' < u_0$	0	$Q_2 Q_1 Q_0 = 110$
5	110	$5.5\,V$	$u_i' > u_0$	0	返回第一拍状态

【例9.2.3】 双积分型 A/D 转换器如图9.2.10所示,试问:

(1) 若被测电压 $U_{imax} = 2\,V$,要求能分辩的最小电压为 $0.1\,mV$,则二进制计数器的容量应大于多少? 需要多少位二进制计数器?

(2) 若时钟频率 $f_{CP} = 200\,kHz$,则采样时间 T_1 等于多少?

(3) 若 $f_{CP} = 200\,kHz$,$u_i = E_R = 2\,V$,欲使积分器输出电压 u_o 最大值为 $5\,V$,积分时间常数应为多少?

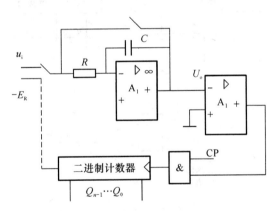

图9.2.10

答:(1) 若被检测电压 $U_{imax} = 2\,V$,要求能分辩的最小电压 $0.1\,V$,则按照

$$分辩率 = \frac{1}{2^n} FSB$$

则可求得 $n = 15$ 位。

(2) 若时钟频率 $f_{CP} = 200\,kHz$,即时钟脉冲周期 $T_{CP} = 1/f_{CP} = 5\,\mu s$,则第一次积分的时间

$$T_1 = 2^{15} T_{CP} = 163.84\,ms$$

因此,采样－保持时间 $T_H \geq T_1 = 163.84\,ms$

(3) 第一次积分后,积分器的输出电压为

$$u_o = \frac{T_1}{RC} u_i$$

由(2)可知 $T_1 = 2^{15} T_{CP}$，并取 $|U_{imax}| = |U_{REF}|$，则有

$$U_{omax} = \frac{1}{RC}(2^{15} T_{CP})|U_{REF}|$$

给定 $f_{CP} = 200 \text{ kHz}$，因此积分时间常数为

$$RC = \frac{|U_{REF}|}{U_{omax}} \times 2^{15} T_{CP} = 66.536 \text{ ms}$$

【例 9.2.4★】 3 位计数器 A/D 转换器如图 9.2.11 所示，设 $\Delta = 1 \text{ V}$，采用四舍五入量化方式。试问：

(1) 当 $u_i = 6.2 \text{ V}$ 时，输出端二进制数 $d_2 d_1 d_0$ 是多少？

(2) 转换误差为多少伏？

(3) 怎样减小电路的转换误差？

(4) D/A 转换器的最大输出电压 U_{omax} 是多少？

(5) 如何提高电路的转换速度？

(6) 如果希望转换时间不大于 70 μs，那么，时钟信号的频率应选多少？

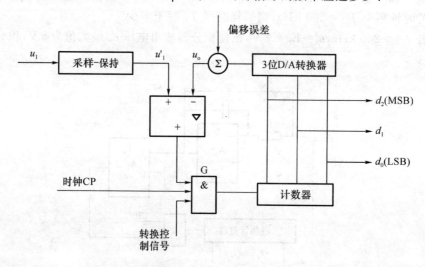

图 9.2.11

答：计数型 A/D 转换器也属于直接 A/D 转换器。它由比较器、D/A 转换器和计数器、控制门 G 等部分组成。转换前计数器先清零。转换控制信号 $u_L = 0$，计数器不工作。由于此时计数器输出全为 0，所以 D/A 转换器的输出 $u_o = 0$，如果 u_1' 为正，则比较器的输出 $u_C = 1$。

当 $u_L = 1$ 时，转换开始，时钟信号 CP 通过门 G，计数器开始做加计数。随着计数的进行，D/A 转换器的输出 u_o 不断增加，当 $u_o = u_1'$ 时，比较器的输出 $u_C = 0$，封锁门 G，计数器停止计数，此时计数器的计数值就是转换的结果。

因此，本题解法为：

(1) 当 $u_1' = 6.2 \text{ V}$ 时，$\Delta = 1 \text{ V}$，则 $u_1'/\Delta = 6.2$（倍），即 $u' = 6.2\Delta$，四舍五入后，量化电压 $u_1' = 6\Delta = 6 \text{ V}$，故输出的二进制数 $d_2 d_1 d_0 = 110$。

（2）转换误差 $=(1\times 2^2+1\times 2^1)\Delta -6.2=-0.2$ V。

（3）减小电路的转换误差，即提高电路的转换精度，可以采取两种措施。一是在 D/A 转换器的输出端引入负向偏移电压 $\dfrac{\Delta}{2}$，减小量化误差；二是增加电路中 D/A 转换器输入二进制数的位数，以提高转换器的分辨率，减小量化单位。

（4）$U_{\text{omax}}=(1\times 2^2+1\times 2^1+1\times 2^0)\Delta -\dfrac{\Delta}{2}=6.5$ V。

（5）计数型 A/D 转换器电路简单，因为要得到 n 位数码，转换过程最长的要经历 2^n-1 个 CP 时钟周期，所以转换速度比逐次逼近型 A/D 转换器慢。为了提高转换速度，可以采用可逆计数器，当 D/A 转换器输出 $u_o<u_i'$，$u_C=1$，作加法计数；而 $u_o\geqslant u_i'$，$u_C=0$，作减法计数。这样，就使 u_o（即输出数字量 D），始终跟踪输入模拟电压 u_i 的变化，提高了电路的转换速度，这种电路称为跟踪型电路。

（6）设转换时间为 T，则完成一次转换的最长时间为

$$T_{\max}=T_{\text{CP}}(2^3-1)=7T_{\text{CP}}=70\ \mu\text{s}$$

所以，$T_{\text{CP}}=10\ \mu\text{s}$，时钟频率 $f_{\text{CP}}\geqslant \dfrac{1}{T_{\text{CP}}}=0.1$ MHz。

【例 9.2.5】 双积分 A/D 转换器如图 9.2.12 所示。其中计数器 n 为 16 位，时钟频率 $f_C=4$ MHz，基准电压 $U_{\text{REF}}=-10$ V，最大输入电压 $U_{\text{imax}}=+10$ V，积分器电容 $C=0.1\ \mu\text{F}$。当计数器计至 2^n 时，积分器的输出电压达到最大，且为 -8 V，试问：

（1）积分器电阻 R 的阻值为多少？

（2）当输入的模拟电压为 $+5$ V 时，经转换后的输出二进制数为多少？

（3）若计数器的第二次计数值为 N_2，且 $N_2=(19600)_D$，则表示输入电压 u_i 为多大？

（4）转换器的最长转换时间是多少？

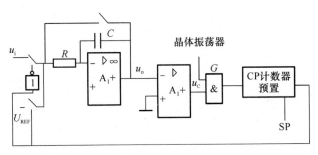

图 9.2.12

答：（1）根据公式 $u_o=-\dfrac{T_1}{RC}u_i$ 及题给条件，可得

$$R=204.8\ \text{k}\Omega$$

（2）先求出该 A/D 转换器得分辨率，由于 $n=16$，所以分辨率 $=\dfrac{U_{\text{LSB}}}{U_{\text{nL}}}=\dfrac{1}{2^n-1}$，由此可以求出 $U_{\text{LSB}}=\dfrac{10}{2^{16}-1}$。当 $u_i=5$ V 时，应使

$$(Q_{15}\sim Q_0)_B=\left(\dfrac{5\ \text{V}}{U_{\text{LSB}}}\right)_D=(32767)_D$$

所以,当输入的模拟电压为$+5\ \mathrm{V}$时,转换器的输出二进制数为

$$(Q_{15} \sim Q_0)_B = (0111111111111111)_B$$

(3) 设 N_1 是二进制计数器再采用积分时间 T_1 时间内的最大计数值,且 $N_1 = 2^n = (65536)_D$,又已知 $U_{REF} = -10\ \mathrm{V}$,$N_2 = (19600)_D$,所以

$$u_i = \frac{N_2}{N_1} U_{REF} = 3\ \mathrm{V}$$

(4) 转换器最长的转换时间为 $T_{max} = T_1 + T_2 = 2T_1$,所以

$$T_{max} = 2 \times 2^n T_C = 32.8\ \mathrm{ms}。$$

第10章

课程测试及考研真题

10.1 课程测试

一、选择题(10 分,每题 1 分)

1. 和二进制数(0010 0100)$_2$ 相等的十进制数是( )。

A. 32   B. 28   C. 34   D. 36

2. 已知有 4 个逻辑变量,它们能组成的最大项的个数为( )个。

A. 4   B. 8   C. 16   D. 7

3. A、B 为逻辑门的 2 个输入端,Y 为输出端。A、B、Y 的波形如图 10.1.1 所示,则该门电路执行的是( )逻辑操作。

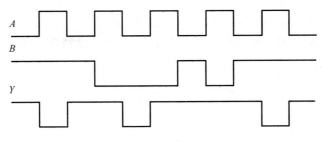

图 10.1.1

A. 与   B. 或   C. 同或   D. 异或

4. 请选择正确的 JK 触发器特性方程式。

A. $Q^{n+1} = JQ^n + K\overline{Q^n}$ B. $Q^{n+1} = J\overline{Q^n} + KQ^n$

C. $Q^{n+1} = J\overline{Q^n} + \overline{K}Q^n$ D. $Q^{n+1} = \overline{J}Q^n + KQ^n$

5. 能起到定时作用的触发器是( )。

A. 施密特触发器   B. 单稳态触发器

C. 双稳态触发器   D. 多谐振荡器

6. 555 定时器的阈值为(　　)。

A. $\frac{1}{3}V_{CC}$

B. $\frac{2}{3}V_{CC}$

C. $\frac{1}{3}V_{CC}$ 和 $\frac{2}{3}V_{CC}$

D. $\frac{2}{3}V_{CC}$ 和 V_{CC}

7. 集电极开路(OC)门可用于(　　)。

A. "线与"逻辑电路

B. "线非"逻辑电路

C. "线或"逻辑电路

D. 三态控制电路

8. 下列各种触发器中,不能组成移位寄存器的触发器是(　　)。

A. 基本 RS 触发器

B. 同步 RS 触发器

C. 主从 JK 触发器

D. 维持阻塞 D 触发器

9. 某 ROM 电路有 8 根地址线,8 根数据线,该 ROM 电路容量为(　　)。

A. 128　　　　　　B. 512　　　　　　C. 1 024　　　　　　D. 4 096

10. 某 8 位逐次逼近型 A/D 转换器,如所加时钟频率为 200 kHz,则完成 1 次转换需要的时间为(　　)。

A. 50 μs　　　　B. 60 μs　　　　C. 80 μs　　　　D. 100 μs

二、化简题(12 分,每题 4 分)

1. 试用公式法将函数 $Y = A\overline{C} + ABC + AC\overline{D} + CD$ 化为最简与或形式。

2. 求函数 $Y = (A + BC)\overline{CD}$ 的反函数并化为最简与或形式。

3. 试用卡诺图法将函数 $Y(A,B,C) = \sum(m_0, m_1, m_2, m_5, m_6, m_7)$ 化为最简与或形式。

三、(8 分) 电路如图 10.1.2 所示,已知 TTL 门电路的开门电平 $U_{on} = 1.8$ V,关门电平 $U_{off} = 0.8$ V,开门电阻 $R_{on} = 2$ kΩ,关门电阻 $R_{off} = 0.8$ kΩ,输入低电平电流 $I_{IL} = 1.4$ mA,输入高电平电流 $I_{IH} = 0$ A,输出电平 $U_{OL} = 0.3$ V,输出高电平 $U_{OH} = 3.6$ V,输入高电平 $U_{IH} = 3$ V,最大允许拉电流 $I_{OHmax} = 400$ μA,三极管的 $\beta = 60$,$I_{CM} = 30$ mA,$U_{BE} = 0.7$ V,饱和时 $U_{CES} = 0.3$ V,输入 A,B,C 的高低电平分别为 0 V 和 3 V。试判断 A、B、C 在不同的取值下,晶体管的工作状态。

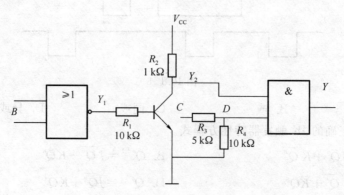

图 10.1.2

四、(8 分) 根据表 10.1.1 所示,用 CMOS 电路画出符合该逻辑功能的电路。

表 10.1.1

A	B	Y
0	0	1
0	1	0
1	0	0
1	1	1

五、(10 分)已知 74138 译码器($\overline{y_i} = \overline{m_i}$)组成的逻辑电路如图 10.1.3 所示,试:

(1) 写出逻辑表达式;

(2) 列出真值表;

(3) 分析其逻辑功能。

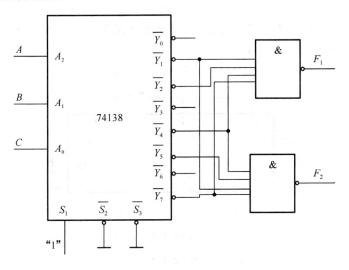

图 10.1.3

六、(10 分)图 10.1.4 是用 555 定时器构成的压控振荡器,试求输入控制电压 V_i 和振荡频率之间的关系式。

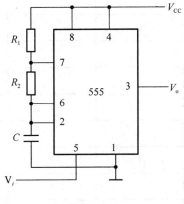

图 10.1.4

七、(12 分)图 10.1.5 所示是用 CMOS 边沿触发器和或非门组成的脉冲分频电路。试

画出在一系列 CP 脉冲作用下 Q_1、Q_2 和 Z 端对应的输出电压波形。设触发器的初始状态皆为 $Q=0$。

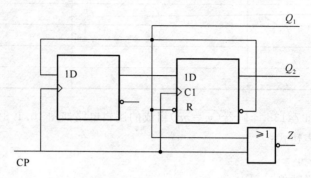

图 10.1.5

八、(15 分)分析图 10.1.6 所示电路,写出输出 Z 的逻辑函数式。CC4512 为 8 选 1 数据选择器,它的逻辑功能表如表 10.1.2 所示。

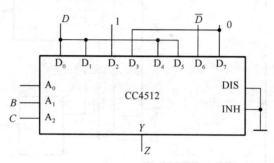

图 10.1.6

表 10.1.2

DIS	INH	A_2	A_1	A_0	Y
0	0	0	0	0	D_0
0	0	0	0	1	D_1
0	0	0	1	0	D_2
0	0	0	1	1	D_3
0	0	1	0	0	D_4
0	0	1	0	1	D_5
0	0	1	1	0	D_6
0	0	1	1	1	D_7
0	1	×	×	×	0
1	×	×	×	×	高阻

九、(15分)试用反馈置位法,将图10.1.7所示的74161设计成一个初始状态电路 $Q_D Q_C Q_B Q_A = 0001$ 的按非自然序列构成的十进制计数器。74161的功能表如表10.1.3所示。

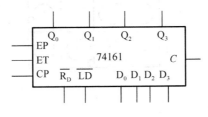

图 10.1.7

表 10.1.3

CP	R_D	$\overline{LD}$	EP	ET	D_0	D_1	D_2	D_3	Q_0	Q_1	Q_2	Q_3
×	0	×	×	×	×	×	×	×	0	0	0	0
↑	1	0	×	×	A	B	C	D	A	B	C	D
×	1	1	0	×	×	×	×	×	保持			
×	1	1	×	0	×	×	×	×	保持			
↑	1	1	1	1	×	×	×	×	计数			

10.2 课程测试参考答案

一、选择题

1. D 2. B 3. D 4. C 5. B 6. C 7. A 8. A 9. C 10. A

二、解:1.

$$Y = A\overline{C} + ABC + AC\overline{D} + CD$$

$$= A(\overline{C} + BC) + C(A\overline{D} + D)$$

$$= A(B + \overline{C}) + C(A + D)$$

$$= AB + AC + A\overline{C} + CD$$

$$= A(1 + B) + CD$$

$$= A + CD$$

2.

$$\overline{Y} = \overline{(A + BC)\overline{C}D} = \overline{A + BC} + \overline{\overline{C}D}$$

$$= \overline{A}\overline{B} + \overline{A}\overline{C} + C + \overline{D}$$

$$= \overline{A} + C + \overline{D}$$

3. 由题意画出卡诺图如图 10.2.1 所示。

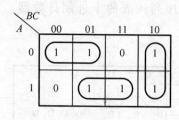

图 10.2.1

由卡诺图可知化简结果为

$$Y=\overline{AB}+B\overline{C}+AC$$

三、解:本题首先根据电路图列出输入输出逻辑关系表如表 10.2.1 所示。

表 10.2.1

输入	输出	
AB	Y_1	Y_2
00	1	$A+B$
01	0	1
10	0	1
11	0	1

可知,当输入 $AB=01,10,11$ 时,晶体管均截止。

可知当输入 $AB=00$ 时,有

$$I_B=\frac{U_{OH}-U_{BE}}{R_1}$$

代入数值,可得

$$I_B=0.29\ \text{mA}<I_{OHmax}=0.4\ \text{mA}$$

又可知

$$I_{BS}=\frac{1}{\beta}\left(\frac{V_{CC}-U_{CES}}{R_2}+I_{IL}\right)$$

代入数值,可得 $I_{BS}=0.1\ \text{mA}$。

由于 $I_B>I_{BS}$,所以晶体管处于饱和状态。

四、解:由真值表列出输入输出逻辑表达式为

$$Y=\overline{A}\ \overline{B}=\overline{A+B}$$

可知为或非门,所以 CMOS 电路如图 10.2.2 所示。

五、解:(1)由题意可知输入输出逻辑表达式如下所示:

$$F_1=\overline{\overline{m_1}\ \overline{m_2}\ \overline{m_4}\ \overline{m_7}}=\overline{A}\ \overline{B}C+\overline{A}\ B\overline{C}+A\overline{B}\ \overline{C}+ABC$$

$$F_2=\overline{\overline{m_1}\ \overline{m_4}\ \overline{m_5}\ \overline{m_7}}=\overline{A}\ \overline{B}C+A\overline{B}\ \overline{C}+A\overline{B}C+ABC$$

(2)由逻辑表达式可列出真值表如表 10.2.2 所示。

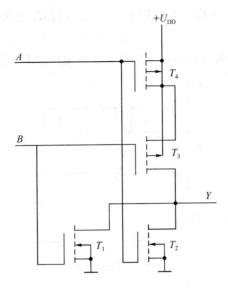

图 10.2.2

表 10.2.2

A	B	C	F_1	F_2
0	0	0	0	0
0	0	1	1	1
0	1	0	1	0
0	1	1	0	0
1	0	0	1	1
1	0	1	0	1
1	1	0	0	0
1	1	1	1	1

（3）此电路为全减器电路，$F_1 = B - A - C$ 为差，F_2 为向高位借位。

六、解：由式

$$T_1 = (R_1 + R_2)C \ln \frac{V_{CC} - V_{T-}}{V_{CC} - V_{T+}} = (R_1 + R_2)C \ln 2$$

及式

$$T_2 = R_2 \ln 2$$

振荡周期 T 为

$$T = T_1 + T_2$$

将 $V_{T+} = V_i$，$V_{T-} = \frac{1}{2}V_i$ 代入上式后得到振荡周期为

$$T = (R_1 + R_2)C \ln \frac{V_{CC} - \frac{1}{2}V_i}{V_{CC} - V_i} + R_2 C \ln 2$$

可知，当 V_i 升高时，T 变大，振荡频率下降。

七、解：该电路的状态方程为

$$Q_1^{n+1} = \overline{Q_2^n}$$

$$Q_2^{n+1} = Q_1^n \quad (一旦 Q_1 从 1 变 0, 则 Q_2 被置 0)$$

$$Z = \overline{Q_1 + CP}$$

根据 D 触发器的特性表, 画出 Q_1, Q_2 和 Z 端的电压波形如图 10.2.3 所示。

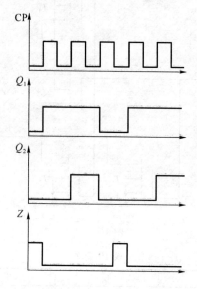

图 10.2.3

八、解: 根据 CC4512 的功能表可知当 DIS=INH=0 时, 其逻辑表达式为

$$Y = \overline{A_2}\ \overline{A_1}\ \overline{A_0}\ D_0 + \overline{A_2}\ \overline{A_1}\ A_0 D_1 + \overline{A_2}\ A_1\ \overline{A_0}\ D_2 + \overline{A_2}\ A_1 A_0 D_3 + A_2\ \overline{A_1}\ \overline{A_0}\ D_4$$

$$+ A_2\ \overline{A_1} A_0 D_5 + A_2 A_1\ \overline{A_0} D_6 + A_2 A_1 A_0 D_7$$

将题目中所给出的输入信号代入上式即可得

$$Y = \overline{A}\ \overline{B}\ \overline{C}\ D + \overline{A}\ \overline{B}\ CD + \overline{A}\ B\overline{C} + A\ \overline{B}\ \overline{C}D + A\overline{B}CD$$

对此化简得

$$Y = \overline{B}D + \overline{A}B\ \overline{C} + B\ \overline{C}\ \overline{D}$$

九、解: 由题意可知计数状态为

由此可画出逻辑图如图 10.2.4。

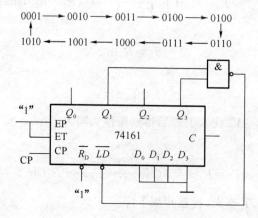

图 10.2.4

答疑解惑

10.3 考研真题

一、电路如图请 10.3.1 所示,其中 C 为控制端,0 信号约为 0 V,1 信号均为 V_{DD},试用真值表表达电路的逻辑功能,并说明这是何种门电路(10 分)。

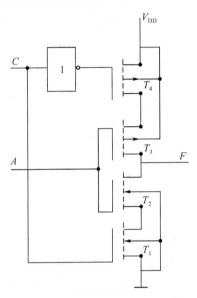

图 10.3.1

二、组合逻辑电路如图 10.3.2 所示,试:

1. 写出输出 F_1 和 F_2 的逻辑表达式(3 分);

2. 用卡诺图法将 F_1 化为最简与或式(3 分);

3. 若 $A_1 A_0$ 和 $B_1 B_0$ 分别表示二进制数 A 和 B,指出 $F_1 = 0$ 时 A 和 B 之间的关系(4 分)。

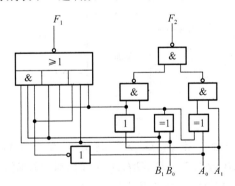

图 10.3.2

三、电路和输入波形如图 10.3.3 所示,试问:

1. 该电路是何种电路(3 分)?

2. 已知 TTL 门的 $U_{OH} = 3.6$ V,$U_{OL} = 0.3$ V,门的输出电阻 $R_0 \approx 75$ Ω。在给定参数下,

求输出脉冲幅度 U_m,宽度 t_w 及最高工作频率 f_{max}(6 分)。

3. 对应于输入电路 t_w,画出 t_w 的波形(6 分)。

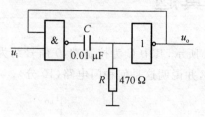

图 10.3.3

四、由 555 定时器构成得多谐振荡器如图 10.3.4 所示,图中 $V_{DD}=12$ V,$R_1=10$ kΩ。要求输出电压 u_o 得振荡频率为 25 kHz,占空比 $q=70\%$,试选择定式元件 R_2 和 C 的数值(15 分)。

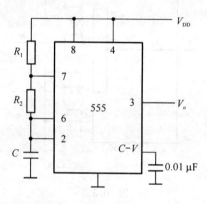

图 10.3.4

五、试设计一个组合电路,要求有 4 个输入端和 2 个输出端,如图 10.3.5 所示,当控制信号 $M=1$ 时为全加器,$M=0$ 时为全减器,输入只允许试用原变量。试用两片双四选一数据选择器和最少的与非门实现。(20 分)。

图 10.3.5

六、设计一个多功能组合电路,G_1、G_0 为控制变量,A、B 为输入变量,F_1、F_2 为输出变量。当 $G_1G_0=00$ 时,对 AB 做加 1 运算;$G_1G_0=01$ 时,对 AB 做减 1 运算;$G_1G_0=10$ 时,对 AB 做加 0 运算;当 $G_1G_0=11$ 时,为禁止状态。

1. 试用最少的门电路实现该电路的功能(15 分)。

2. 试用一片 4 选 1 数据选择器和最少量的门实现该电路(15 分)。

10.4 考研真题参考答案

一、解：根据题意，列出逻辑电路真值表如表 10.4.1 所示。其中 C，A 为输入逻辑变量，F 为输出逻辑变量。逻辑器件以 1 表示通，0 表示断。

表 10.4.1

输入	MOS 管状态			输出
CA	$T_1 T_2 T_3 T_4$	$F \to V_{DD}$	$F \to$ 地	F
00	0010	0	0	高阻
01	0100	0	0	高阻
10	1011	1	0	1
11	1101	0	1	0

由真值表可知，当 $C=0$，输出呈高阻态；当 $C=1$，输出 $F=\overline{A}$。所以，该电路是三态非门电路。

二、解：1. 输入输出逻辑关系为

$$F_1 = \overline{\overline{A_0} B_1 B_0 + \overline{A_1} B_1 + \overline{A_0}\ \overline{A_1} B_0}$$

$$F_2 = \overline{\overline{A_1}(B_1 \oplus B_0) \cdot \overline{(A_0 \oplus B_0 \oplus B_1)\overline{A_1}}}$$

2. 根据逻辑表达式画出卡诺图如图 10.4.1 所示。

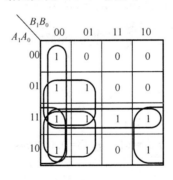

图 10.4.1

根据卡诺图化简，得

$$F_1 = \overline{\overline{A_0} B_1 B_0 + \overline{A_1} B_1 + \overline{A_0}\ \overline{A_1} B_0}$$

$$= A_1 A_0 + A_1\ \overline{B_0} + A_1\ \overline{B_1} + A_0\ \overline{B_1} + \overline{B_1}\ \overline{B_0}$$

3. 当 $F_1 = 0$ 时，则 $A_1 A_0 < B_1 B_0$，即 $A < B$

三、解：1. 可知该电路为微分型单稳态电路。

2. 输出脉冲宽度

$$U_m = U_{OH} - U_{OL} = 3.6 - 0.3 = 3.3 \text{ V}$$

脉宽

$$t_w \approx (R_O + R)Cln\left(\frac{R}{R + R_O} \cdot \frac{U_{OH}}{U_{TH}}\right)$$

代入数值得 $t_w \approx 4.36 \ \mu s$

为了求出最高工作频率，还须求出恢复时间 t_{re}

$$t_{re} \approx (3 \sim 5)RC = (3 \sim 5)470 \times 0.01 \times 10^{-4} = (14.1 \sim 23.5)\ \mu s$$

最高频率

$$f_{max} = \frac{1}{t_w + t_{re}} = 54.2\ kHz$$

3. 画出波形如图 10.4.2 所示。

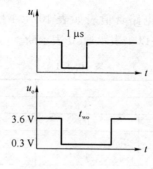

图 10.4.2

四、解:根据题意,可得输出 u_O 的高电平持续时间(即电容充电时间)为

$$t_{wH} \approx 0.7(R_1 + R_2)C = qT$$

低电平持续时间(即电容放电时间)为

$$t_{wL} \approx 0.7R_2C = (1-q)T$$

振荡周期为

$$T = t_{wL} + t_{wH} \approx 0.7(R_1 + 2R_2)C = \frac{1}{f} = 0.04\ ms$$

又

$$q = \frac{t_{wH}}{T} \times 100\%$$

联合解上面几式,可得

$$R_2 = \frac{3}{R}R_1$$

代入题目已知数值,得 $R_2 = 7.5\ k\Omega$。

$$t_{wL} = (1-q)T = 0.012\ ms$$

电容 C 的容量

$$C = 2286\ pF$$

五、解:根据题意列出真值表如表 10.4.2 所示。

表 10.4.2

$A_iB_iC_{i-1}$	全加器 $M=1$		全减器 $M=0$	
	S_i(和)	C_i(进位)	D_i(差)	B_i(错位)
000	0	0	0	0
001	1	0	1	1
010	1	0	1	1
011	0	1	0	1
100	1	0	1	0
101	0	1	0	0
110	0	1	0	0
111	1	1	1	1

对照真值表,得 $S_i = D_i = \overline{A_i B_i} C_{i-1} + \overline{A_i} B_i \overline{C_{i-1}} + A_i \overline{B_i C_{i-1}} + A_i B_i C_{i-1}$,用一片双四选一选择器。

$$C_i = \overline{A_i} B_i C_{i-1} + A_i \overline{B_i} C_{i-1} + A_i B_i \overline{C_{i-1}} + A_i B_i C_{i-1}$$

$$B_i = \overline{A_i B_i} C_{i-1} + \overline{A_i} B_i \overline{C_{i-1}} + A_i \overline{B_i} C_{i-1} + A_i B_i C_{i-1}$$

C_i,B_i 合用另一片双四选一选择器,电路逻辑图如图 10.4.3 所示。

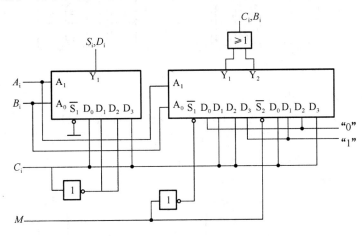

图 10.4.3

六、解:1、根据电路功能,列出真值表 10.4.3。

表 10.4.3

G_1	G_0	A	B	F_1	F_2
0	0	0	0	0	1
0	0	0	1	1	0
0	0	1	0	1	1
0	0	1	1	0	0
0	1	0	0	1	1
0	1	0	1	0	0
0	1	1	0	0	1
0	1	1	1	1	0
1	0	0	0	0	0
1	0	0	1	0	1
1	0	1	0	1	0
1	0	1	1	1	1
1	1	0	0	d	d
1	1	0	1	d	d
1	1	1	0	d	d
1	1	1	1	d	d

由真值表作卡诺图如图 10.4.4 所示。

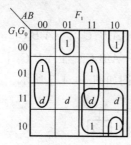 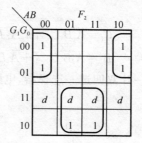

图 10.4.4

由卡诺图可得最简的逻辑表达式

$$F_1 = \overline{G_1}\,\overline{G_0}\,\overline{AB} + G_0\,\overline{A}\,\overline{B} + G_0 AB + \overline{G_0}\,A\,\overline{B} + G_1 A$$

$$F_2 = \overline{G_1}\,\overline{B} + G_1 B$$

根据此式可以画出如图 10.4.5 所示的逻辑图。

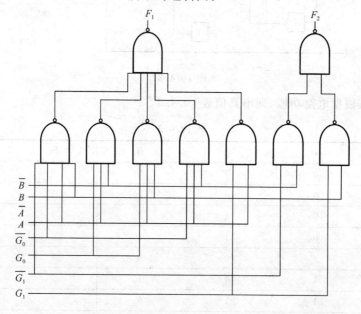

图 10.4.5

2. 在用卡诺图 10.4.6 实现逻辑函数时可以采用降维的方法。可以降维得到图 10.4.7。

图 10.4.6

G_1G_0	F_1
00	$A \oplus B$
01	$\overline{A \oplus B}$
11	d
10	A

G_1G_0	F_2
00	$\overline{B}$
01	$\overline{B}$
11	d
10	B

图 10.4.7

所以,用 MUX 实现的逻辑图如图 10.4.8 所示。

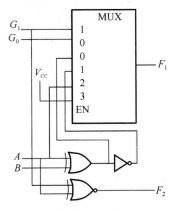

图 10.4.8

G_1G_0	F_1
00	$A \oplus B$
01	$\overline{A \oplus B}$
11	d
10	A

G_1G_0	F_2
00	$\overline{B}$
01	$\overline{B}$
11	d
10	B

所以,用 MUX 实现的逻辑图如图 10.4.9 所示。

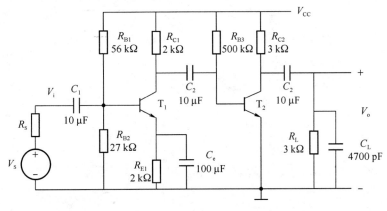

图 10.4.9